清酒

〔日〕杉村启 著　　陈恬 译

南海出版公司

致读者

广义的日本酒，指的是在日本生产、且使用日本独特技术酿造的酒类；而狭义的日本酒，指的就是清酒。

本书中，作者杉村启老师主要介绍的是清酒的相关知识，也有部分内容涉及了浊酒和烧酒。作为日本酒研究家，他出于严谨的考虑，在书中使用的是"日本酒"的说法，大家在阅读时，除了部分特别注明的内容，皆可将书中的"日本酒"理解为"清酒"。

目录

🧪 **第1章 课前热身**

🧪 **第2章 首先要掌握的日本酒基本知识**

第3章 深入了解更多知识，可以"看到"日本酒的味道

第4章 品酒者眼中的日本酒

第5章 多种多样的饮酒方式

第6章 如何邂逅新的日本酒

第1章 课前热身

我是个普通的
今天
喜欢喝酒的OL
去哪里喝酒呢——

4-A
白热日本酒教室
免费上课

日本酒吗？
虽然经常有机会喝到
不过了解得并不深

咔嚓
难得来了，就进去听一听好了

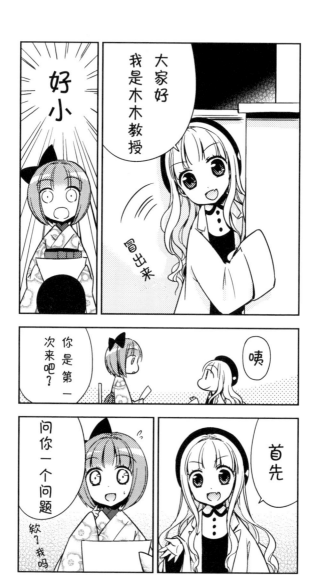

你能想象这瓶酒的味道吗?

純米吟醸 無濾過生原酒 星乃海

純米吟醸無濾過生原酒『星乃海』は、瀬戸内海に面した星空の崎麗な地で醸されました。しっかりとした味わいながらも後味のキレがよく、食事の邪魔になりません。若き杜氏が、次世代を担うこれからの人に飲んで欲しいという思いを込めて造ったお酒です。是非、さまざまな料理と一緒に味わってください。

原 料 米	山田錦 100%
原材料名	米・米麹
アルコール分	17度
精米歩合	60%
日本酒度	+2
酸 度	1.2
アミノ酸度	1.0
酵 母	非公開

日本酒 720ml詰　製造年月 26.12

次世代酒造株式会社
広島県呉市星海通 1−17−14　http://ji-sedai.jp/
未成年者の飲酒は法律で禁じられています

不试喝看看，怎么可能知道是什么味道啊？

也有例外啦，就算不试喝，只要有知识的话，差不多可以想象出来的

真的吗？

真的

只要学会如何解读标签，不仅能很快找到自己想要的酒，还能把自己喜欢的味道描述出来

这样一来，就能更尽情地享受日本酒了

那么我们走吧

到既有趣又充满美味的日本酒世界！

你从今天开始就是我的助手了

严肃

欸？

9

第一课 当今的日本酒非常有趣

欢迎来到白热日本酒教室！我是任课老师木木教授，关于日本酒的一切就全交给我来讲解吧。这套课程一共有二十课，主要为大家讲述"不断进化的日本酒之现状"。你是否对日本酒感兴趣，却不太了解？是否喜欢日本酒，却只是单纯地在喝，并不了解其中奥秘？或是说不清自己到底喜欢哪种日本酒？这套课程就是针对像你这样对日本酒不太了解的新手设计的，和我一起学习关于日本酒的知识吧！

第一课的内容是："当今的日本酒非常有趣！不懂日本酒是你的损失！"突然这么说，或许有人会不以为然，或是有其他酒类的爱好者觉得葡萄酒、啤酒、威士忌更有趣。

这也是理所当然的，不过我在这里想表达的是，纵观世界上的各种酒，日本酒在历史长河中发展到现在，变成了最好喝、最丰富多彩、最有趣的酒。

到底是怎么个有趣法呢？让我来循序渐进地为大家解释。

首先，日本酒界中有"适合搭配西班牙菜的日本酒""适合搭配奶酪的日本酒"和"适合搭配零食的日本酒"等，各式各样的日本酒。

说到对日本酒的印象，各位是不是都认为这是一种在吃日本料理的时候搭配的酒呢？其实除了适合日本料理的酒之外，和其他菜肴契合度很高的日本酒也是存在的。比如下面这些酒——

爱媛县酿酒业联合会推出的"mar"系列的日本酒，适合搭配西班牙菜。这是一类在爱媛县的酒窖中，用当地产的米和酵母酿造出的日本酒，其口味和香味与西班牙菜搭配起来非常美妙，因此被统称为"mar"系列，并给予具体的名称。比如说"雪雀酿酒厂的mar""千代龟酿酒厂的mar"等。当然这些酒也有相应的推荐搭配菜肴，在酒名后也会加上一个小短语，比如雪雀酿酒厂的mar就是"适合搭配蒜味对虾的爱媛产日本酒"、而千代龟酿酒厂的mar则是"适合搭配蛋饼的爱媛产日本酒"。其他还有"适合搭配橄榄油拌番茄的爱媛产日本酒"和"适合搭配生火腿的爱媛产日本酒"等。

或许有人怀疑这些日本酒是否真的同西班牙菜那么合得来。请各位思考一下，日本人是不是非常喜欢白米饭，不管什么菜都可以和米饭搭配？我相信吃西餐或西班牙菜时配米饭的人也不在少数。而日本酒是用米酿造出来的酒，这样想的话，不管什么菜，都会有一种日本酒能与之搭配，不也说得过去吗？而且事实上，确实存在能和西班牙菜巧妙搭配的日本酒。

比如蒜味对虾的蒜香较重，上面还有一层厚厚的油，味道比较淡的日本酒无法同这种菜的味道抗衡。必须是鲜味和酸味较重，能冲刷掉口中油腻的爽滑日本酒才能与之搭配。而对于以土豆为主，饱含蔬菜和奶酪的蛋饼，有着稳定厚重的香味，醇厚程度不输给黏稠奶酪的日本酒才能成为绝配。橄榄油拌番茄的话，搭配香味较为丰富、口感比较清爽的日本酒会很合适。

当然不仅仅是上述的几样，任何菜都有可以与之搭配的日本酒，就连乍看之下与酒不相称的咖喱或巧克力，都有相配的日本酒。现在还有适合同寿司搭配的名叫"SUSHI BEERU"①的微发泡日本酒。关于某些菜肴与日本酒如何搭配，我将会在第十六课详细讲述。

---

①花之香酿酒厂的鮨びいる。

日本酒有趣的第二个理由是，酿造技术得到了前所未有的进步。实际上，古代的日本酒酿造技术就可以称为世界第一了。日本酒属于通过谷物发酵酿成的"酿造酒"。同类的还有葡萄酒和啤酒等。烧酒则是在发酵的基础上进行蒸馏而成的"蒸馏酒"。

日本酒在酿造酒中是比较突出的，它的酒精度比较高。葡萄酒一般在13~14度，啤酒在5度左右，而20度以上的酒就属于"世界上酒精度最高的酿造酒"[②]了。听了这番话，大家或许会觉得这只是日本酒酿造方式的结果，但其实在酿造过程中，酒精度到达一定的度数就会停止发酵，导致不能再产生酒精，所以要更进一步提高酒精度是非常困难的。正是日本的匠人们经过从古到今的研究积累，才达到了世界上独一无二的酒精度高峰。

日本酒的酿造技术十分高超，不过"江户时代的将军们喝的日本酒没有现在的高级"，这种说法应该也有人听说过。当时位高权重的将军们，他们喝的日本酒其实比现在便利店卖的普通酒都差。由于酿造技术的进步、新技术的发现，特别是当今年轻的酿酒师积极摆脱过去的观念，挑战新的方法，将古时的智慧与现代的创新融合在一起，酿造出了多种新颖的日本酒。前面提到的那些不仅能与日

---

② 中国的白酒属于蒸馏酒。

本料理，还能和各种不同菜肴搭配的日本酒，其诞生也归功于酿酒技术的进步。

所以，现在的日本酒多种多样，有适合单独品尝的酒，也有适合与食物搭配的酒；有冷藏之后风味更佳的酒，也有加热之后更好喝的酒；有清爽的微发泡酒，也有香味丰富的酒；更有把酒精度提高到极限的酒，等等。

我可以肯定地说，世上一定存在你觉得好喝的日本酒。因为日本酒经过不断进步，味道层次变得丰富多彩，也有很深的包容力。

另外还有一点不得不提，那就是运输技术和冷藏、贮藏技术的进步。由于这些技术的进步，人们才能享受到刚酿出来的新鲜日本酒，就像在家里喝到牧场里刚挤出来的新鲜牛奶一样。这样的日本酒怎么可能不好喝。

第三个理由，日本酒的种类和喝法是世界上最多的。日本酒与其他酒比起来，有着多到令人吃惊的喝法。

从温度上看，虽然也有热葡萄酒和煮啤酒等，但这些都是在葡萄酒或啤酒中加入香料或蜂蜜后，再加热调制的混合酒。而日本酒就算不加任何东西，也可以享受多层次的酒温，以不同的温度品尝同一种酒的话，还能让饮者感受到令人称奇的味道变化。常温的酒适合餐前饮用，将温度提高则适合与餐食同用，之后再降低温度又能和餐后甜点形成绝妙的搭配，像这样有三种饮用方式的日本酒也不在少数。还有一点，日本酒不仅能热着喝，还能冰着喝，有些日本酒可以像威士忌那样加入冰块饮用。世界上除了日本酒，可以说没有其他酒能在如此广泛的温度下享用。关于温度，我会在第十五课进行详细的讲述。

日本酒不仅在温度层面上有各种喝法，还有像香槟那样微发泡、适合干杯庆祝的日本酒，酒精度较高、适合在餐前喝的日本酒，具有甜味、适合餐后饮用的日本酒，等等。

另外，不同的酒杯能带来不同的饮酒体验，近几年，人们也越来越重视酒杯的选择。人们不再只使用传统的小酒杯，还开始用方形木杯和葡萄酒杯。同一种酒用不同的酒杯，可以让人品尝到不一样的味道。日本酒业界还设立了"葡萄酒杯契合度大奖"，每年评选出适合用葡萄酒杯喝的日本酒。

怎么样，是不是觉得挺有趣？日本酒每天都在不断发展，包括作为原料的大米，也在不断改良品种，经常有新品种的大米面世。日本酒与菜肴搭配的新发现和日本酒的新喝法更是层出不穷。如果你对日本酒产生了些许兴趣的话，就赶紧行动起来，品尝不断发展的日本酒吧。

世界各国对日本酒的关注度也变得越来越高，日本酒的出口量每年都在增长，在法国的三星级餐馆里也有一些日本酒被作为高档酒出售，香榭丽舍大街和纽约都有日本酒主题酒吧。日本酒已成为被世界认可的一线酒类，在日本以外的国家，酿造日本酒的企业也在逐渐增加。

当然，日本国内也掀起了日本酒的新风潮。以东京市区为中心，专门用于品尝日本酒的新型小酒馆逐渐增多，关于日本酒的活动也多了不少。这些店在外观装修方面新颖时髦，与传统的大众酒馆完全不同，可以用来接待重要客人或当成约会场所。这时候如果具备日本酒知识的话，就可以顺应流行趋势，好好享受品尝日本酒的乐趣了。

不过我们也不需要记住非常专业的知识，在接下来的课堂上，我将告诉大家享受当今日本酒所需要的知识、如今流行的前沿趋势，还有希望大家掌握的要点。

第一课
总结

 日本酒是当今世界上最有趣的酒。

 无论任何菜肴，都有一种日本酒与之搭配。

 从古至今，现在的日本酒是最好喝的。

 日本酒有着世界上最丰富多彩的喝法。

 不了解现在的日本酒是你的损失！

第2章 首先要掌握的日本酒基本知识

只是色调不一样吧?!

看不出来哪里有区别!

完全看不懂标签的含义啊!

看来

你

在学会读标签之前,先了解什么是特定名称酒吧

好好,会教你的!

老师快教教我怎么看标签!

打击

第二课 什么是特定名称酒

在第一课中，我们了解了现在的日本酒非常有趣。而从第二课开始，就要进入正式的学习了。首先，作为品酒者应该掌握的最基础的知识是读懂日本酒的标签，就让我们从这一点开始吧。

虽说在购买日本酒的时候，可以试喝或询问他人，但当这两种方法都不能用的时候，就必须通过看标签来辨别。我们先来学习日本酒标签里经常出现的内容，以及这些内容所代表的味道。

首先要了解的是标签上经常写的"本酿造酒"或"纯米酒""吟酿酒"等词语的意思。这些词当然不是商家随意写上去的，让我们先来看看这些词指的到底是什么酒。

"特定名称酒"和"普通酒"

上面提到的那些词，会写在"特定名称酒"的标签上。由于"特定名称酒"的酿造方法比普通酒更讲究，所以分别有特别的名字。虽然看起来有点麻烦，不过特定名称酒的名字其实是用于区别原料和酿造方法的，并不是为了区别酒的质量优劣。特定名称酒以外的酒称为"日本酒（普通酒）"。现在市面上销售的日本酒，大致上可以分成特定名称酒和普通酒两大类。

那么，哪类酒才是主流呢？根据流通量来说，普通酒远在特定名称酒之上。特定名称酒只占全部日本酒的三成，剩下的七成都是普通酒。不过，要说喝哪种酒比较好的话，还是特定名称酒。也不是说普通酒不好，只是特定名称酒因为酿造方法更加复杂，因此更加好喝。

另外，特定名称酒和普通酒所追求的味道方向性区别较大，这是很重要的一点。最近比较流行的日本酒的味道是偏向特定名称酒的。普通酒的味道也并不坏，只是特定名称酒的味道更加容易体会，也更好喝，所以作为新手饮用的酒，我比较推荐特定名称酒。

还有一个原因，就是实际上普通酒只在酒窖所在的地区流通，往往很难进入大城市的中心。因此，我们首先要学习什么是特定名称酒，其中又有多少种类。

先以纯米酒和非纯米酒来区分

特定名称酒一共有 8 种，让我们一边整理这 8 种酒的名字，一边记住它们。

本酿造酒

纯米酒

特别本酿造酒

特别纯米酒

吟酿酒

纯米吟酿酒

大吟酿酒

纯米大吟酿酒

仔细观察就能发现，带着"纯米"二字和不带"纯米"二字的酒各占一半。纯米酒、特别纯米酒、纯米吟酿酒、纯米大吟酿酒是带有"纯米"二字的酒。

日本酒给人一种"只用米"酿造而成的印象，确切地说应该是"米"和通过米与曲霉菌培养出来的"米曲"共同酿造而成的。这种说法当然正确，不过作为日本酒的辅料，也可以在酿造过程中添加一种被称作

"食用酒精"的酒精。啤酒给人的印象是以小麦和啤酒花酿造而成的，但可以添加米或玉米淀粉，也是同样的道理。添加了食用酒精的酒就不能有"纯米"二字了，只用米和米曲酿成的酒才能加上"纯米"二字。像本酿造和大吟酿这种没有加"纯米"二字的，就是添加了食用酒精的酒。关于食用酒精的知识，我会在第三课详细讲述。

以抛光留存率分类

酿造日本酒所用的米（称为酒米）并不是糙米，而和我们所吃的食用米一样，是精米。不过比起食用米，酒米会磨去（削去）更多表层的部分,磨去多少的比例就以"抛光留存率"来表示。

例如，从糙米的状态磨去 30%，这时米的抛光留存率就是 70%。我们平时食用的白米用抛光留存率来表示的话，大概是 90% 左右，70% 则意味着磨去了更多的表层。

为什么要磨米呢？因为米接近表层的部分含有大量蛋白质，蛋白质进入酒中，便会产生多余的味道。为使酿造出的酒没有杂味，就要磨去米的表面，只用米心的部分来酿酒。

特定名称酒的抛光留存率在 70% 以下，也就是要磨去糙米 30% 的表层。耗费如此大的功夫酿造出来的酒，称为"本酿造酒""纯米酒"。如果更进一步，将抛光留存率降到 60% 以下，就是比较特别的酒了，称为"特别本酿造酒""特别纯米酒"。虽然从数值上看只差了 10%，但是米粒越磨越脆弱，比起从 80% 研磨至 70%，将 70% 研磨至 60% 是更加困难的作业，花费的时间也更多。这样一来，酿出的酒就比较特别了。

不过，由于酿造技术的进步，即使抛光留存率比较高，也可以酿造出好喝的纯米酒。从 2004 年开始，即使抛光留存率在 70% 以上，只要不添加食用酒精，就可以标记为"纯米酒"。另外，就算抛光留存率没有达到 60% 以下，只要酿造过程用的是受业界承认的特别酿造方法，制出来的酒也可以命名为"特别纯米酒"。

什么是吟酿造

吟酿造指的是使用特别严选的材料，在低温环境下慢慢发酵的酿酒方法。低温环境可以使细菌的活动变缓，假设在常温下酿造 1000 毫升的酒需要 10 天，低温环境使细菌活动量减半之后，酿造等量的酒就得花 20 天。这样慢慢酿造出来的日本酒有一种"吟酿香"，纤细又富含果香。

抛光留存率在 60% 以下，用吟酿造方法酿出的酒被称为"吟酿酒""纯米吟酿酒"。如果更进一步，把抛光留存率降到 50% 以下，就是"大吟酿酒""纯米大吟酿酒"。

我们把前面所讲的内容用表格来总结一下，特定名称酒是这样来分类的。

添加食用酒精	纯米	抛光留存率
本酿造	纯米	70% 以下 （*1）
特别本酿造	特别纯米	60% 以下 （*2）
吟酿	纯米吟酿	60% 以下、吟酿造
大吟酿	纯米大吟酿	50% 以下、吟酿造

*1 现在纯米酒并不受抛光留存率的限制。抛光留存率在 70% 以上也可以称为纯米酒。
*2 即使抛光留存率在 60% 以上，只要用特别的方法酿造出的酒，就可以称为特别本酿造酒、特别纯米酒。

究竟哪种更好喝

经过如此分类与整理后，我们最想知道的，难道不是哪种酒更好喝吗?

很遗憾，这种口味的问题见仁见智，还要考虑与酒同食的料理是否搭配，所以无法用一句话断言"这种比较好喝"。而且话说回来，只要酿造的条件达到了，就可以得到"特定名称酒"的名号。举个例子，用抛光留存率为

49%的米通过吟酿造的方法，酿出条件上满足了大吟酿酒标准的酒，但酒窖想将这种酒以"吟酿酒"出售，也是可以的。

综上所述，我们很难一口断定哪种酒最好喝。不过，如果从特定标准来看的话，抛光留存率越高，就说明米被磨去的部分越少，这样杂味就会更多，酒的味道会变得更复杂（主要是增加了鲜味等）。与此相反，抛光留存率越低，米被磨去的越多，酿出来的酒就越有纤细的香味。而添加了食用酒精的酒，口感会变得清爽。

而另一方面，虽然将酒的味道分出优劣比较困难，但给酒定价格很简单。在酿造过程中米磨去得越多，价格就越高。假设这里有一瓶抛光留存率90%的酒和一瓶抛光留存率45%的酒，两瓶的容量相同。虽然酿出的酒量是相同的，但使用的米量却相差了两倍。如果抛光留存率90%的酒需要用100千克的米来酿造，抛光留存率45%的酒就需要200千克的米。另一方面，随着抛光留存率越来越低，米的打磨难度也越来越大，作业过程中必须十分谨慎。工作时长增加，人工费也就理所当然地升高。由于这种种理由，米磨去的越多，酿出来的酒价格就越高。

大家别嫌我啰嗦，再说一遍，并非价格越高的酒味道就越好。大家要好好品尝，把握自己喜欢的味道。关于日本酒的口味，在接下来的课上我会详细说明。

第二课
总结

🍶 日本酒分为特定名称酒和普通酒。

🍶 必须满足严格的条件才能命名为特定名称酒。

🍶 首先区分纯米酒和添加食用酒精的酒。

🍶 再以抛光留存率来区分。

🍶 并非价格越高的酒味道越好。

第三课　什么是食用酒精

在第二课中，我们就特定名称酒进行了学习，其中出现了"食用酒精"一词。突然和大家说有这种添加物，也许有许多人还不太理解。另外，在一些以日本酒或食物为主题的作品里，有时会将食用酒精当成不好的东西。食用酒精真的那么不好吗？让我们详细了解一下吧。

食用酒精到底是什么

食用酒精到底是什么呢？它不是在工厂里通过化学合成得到的，而是一种被称作"蒸馏酒"的东西。

酒大致分为两种，酿造酒和蒸馏酒。酿造酒是以酵母的活动将糖分解为酒精，从而酿造出的酒。日本酒和啤酒、葡萄酒都属于酿造酒。另一方面，蒸馏酒是将酿造酒加热后，取其蒸气，冷却后酿造出的酒。由于加热时，水的沸点比酒精高，所以酒精会先汽化。收集这些蒸气再将其变回液体后，就能得到酒精度很高的酒了。蒸馏酒包括烧酒、威士忌、白兰地和伏特加等。

简单来说，将本身是酿造酒的日本酒进行蒸馏，就能得到米烧酒，将啤酒进行蒸馏，就能成为威士忌，将葡萄酒进行蒸馏，就能成为白兰地。当然，为了使它们味道更好，蒸馏中也要使用各种各样的技术，并非日本酒和啤酒直接变成烧酒和威士忌，但主要的原料基本是一样的。

那么食用酒精是如何被制造出来的呢？它的主要原料是一种在甘蔗精制出糖的过程中出现的，被称作废糖蜜的东西。甘蔗是植物，除了糖之外还含有各种各样的成分。从其中只将糖提取出来精制，就成了我们食用的白砂糖。而在提取糖的过程中残留的东西，就称作废糖蜜。有一个"废"字在里面，又是提取糖后剩下的残渣，大家或许会对它产生负面的印象。其实就算提取出糖之后，剩余的物质中依然含有很多糖分，古人经常用作调味料。正因为有这些糖分，将废糖蜜发酵之后才能得到酒。将如此得到的酒（酿造酒）进行蒸馏的话，就能变成朗姆酒。再将这个蒸馏过程重复多次，逐渐过滤掉不纯的物质，就成了食用酒精。朗姆酒和食用酒精的原料是相同的，通过这一点大家就能知道，食用酒精并不是不好的东西。

在制造食用酒精时，有一种可以反复进行蒸馏的机器，称作连续蒸馏器。我以前采访的时候，见过6层楼高的机器，可以连续蒸馏40次以上。经过彻底蒸馏后，酒精浓度可以达到96度以上，味道几近无臭无味。之所以说"几近"，是因为在采访的时候，我有幸尝到了一点，感觉有点甜味。也就是说，有些食用酒精也是带甜味的。

如此制造出来的食用酒精运到酿酒厂之后，会用水进行勾兑，然后贮藏。这是因为96度的酒，万一遇到火星的话可能引起火灾，而且也会逐渐挥发，所以消防法规定，必须进行稀释贮藏。有些酿酒厂为了让食用酒精和水更好地融合，会贮藏一年以上的时间，然后再拿出来使用。

添加食用酒精会怎么样

那么，为什么要添加食用酒精呢？这是一个非常难回答的问题，因为添加到特定名称酒和添加到普通酒中的目的有很大的不同。

食用酒精是在日本酒酿造过程中添加的东西。并不是说在酿造好纯米酒之后，才添加食用酒精，使其成为本酿造酒。而是在酒糟里进行发酵时，日本酒和酒糟分开前就添加了。

实际上，比起水，香味成分更容易溶解进酒精里。因此，通过添加食用酒精，可以使本来附在酒糟中的香味溶解进酒精里，再加入日本酒中，相当于把香味提取了出来。

另外，添加食用酒精，还有使日本酒味道变得更清爽的效果。假设这里有一些没有添加食用酒精，酒精浓度为15度的日本酒。因为这些酒的味道比较浓厚，我们需要稀释一下，使酒味变得清爽。如果加水的话，味道确实可以变得清爽一点，但酒精度就会跟着下降。那么，既要保持酒精度不下降，又想让它变得清爽，该怎么做呢？只要在添加水的同时，加入无臭无味的酒精就可以了。

综上所述，添加食用酒精可以提取酒香，并使酒的味道变得清爽，让人更容易入口。虽然有些人不能接受稀释过的日本酒，不过举个例子：100%的纯果汁加水稀释淡一些，就会更清爽，让人想要多喝一点。无论果汁还是菜肴，味道太浓都会让人觉得烧心，无法吃很多。日本酒也是同样的道理，平时如果想要慢慢喝，多喝一点，选择清爽一点的酒比较合适。当然酒味变淡就不那么好喝了，如何把酒酿得更好喝，要看匠人的本事。正因为如此，每年举行的全国新酒鉴评会上，才会出现许多吟酿酒、大吟酿酒等添加了食用酒精的日本酒。

前面我们说的，都是特定名称酒中的食用酒精的作用。

那么普通酒里含有食用酒精会怎么样呢？这个问题就比较复杂了。简单来说，在大米供给量不足的战争年代，本来食用米就不够吃了，更不用说还能有多余的米用来酿造日本酒。为了使酒的产量增加，酿酒厂就会在普通酒中添加食用酒精，这就是问题变得复杂的根源。

也就是说，同样使用食用酒精，普通酒是为了增加产量，而特定名称酒则是为了提香和增加清爽的口感，两者的目的大有不同。食用酒精之所以时常遭人非议，原因就在于普通酒的增产目的。

食用酒精需要添加多少

现在业界对食用酒精的添加量有着严格的限制，特别是特定名称酒的添加量不能超过白米重量的10%。这么说大家可能不好想象，让我来详细解释一下。

在酿造日本酒的时候，米加米曲的总量和水的用量一般是差不多的。假设酿造100千克的日本酒，所需的米大约是50千克，也就是大概一半的重量。食用酒精要在白米重量的10%以内，所以最多只能添加5千克。我们前面讲过，食用酒精是兑水后贮藏的。所以添加的时候，大概总用量会控制在米重量的30%左右。其结果是，100千克的日本酒中添加了10千克的水和5千克的食用酒精，食用酒精的分量占总量的5%以内。

光听我这么解释估计还是不好理解，在漫画作品《萌菌物语》第 13 卷中，作者以养乐多为例，对此进行了说明。养乐多的甜度是 18%，和日本酒的酒精度接近，假设其甜度等于日本酒的酒精度。在养乐多中添加甜度为 100% 的糖，按照糖度和养乐多容量比例来算，添加的糖有 3.3 克。那么养乐多中的 3.3 克糖能让我们感觉到强烈的甜味吗？将养乐多换成日本酒来考虑，大家就可以想象出添加的食用酒精量有多么少了吧。（图 1）

在实际酿酒过程中，即使在特定名称酒中添加食用酒精，也不会加到接近 10%。一般会低于 10%，毕竟这样做只是为了调味。所以，虽然有人觉得加了食用酒精的话，会有酒精的味道，使舌头产生麻痹感，但其实只要不是鼻子或舌头特别敏感的人，基本上是尝不出来的。

另一方面，普通酒可以添加多少食用酒精呢？在二战时有一种用食用酒精将原来的日本酒勾兑到增加三倍，称作"三增酒（三倍增酿酒）"的日本酒。不过，2006 年修订了《酒税法》，将三增酒从日本酒的条目中删除，所以现在已经不存在三增酒了。

普通酒可以添加的食用酒精量，一般在白米重量的 50% 以下。我们省略计算过程，简单来说，就是可以勾兑到两倍增酿酒为止。不过这也只是理论数值而已。原因在于，添加了那么多 30 度的食用酒精的话，日本酒的酒精

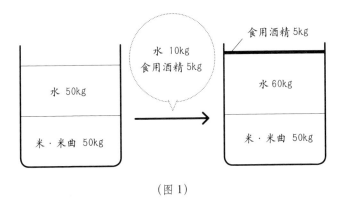

（图 1）

度就会逐渐升高，最后会超过 22 度。超过 22 度的话就不能算清酒，也会被从日本酒的分类中排除出去，所以其实是无法添加那么多的。

综合以上原因，现在的日本酒中并不会添加很多食用酒精。实际上，以前在我主办的日本酒活动上，在不看标签的情况下，几乎没有人可以鉴别出哪种添加了食用酒精，哪种是没有添加的。大概 30 个人中，有 1～2 个人能辨别出来。

顺带一提，虽然以前认为有些人喝了食用酒精会导致身体难受，不过这种说法现在也被否定了。到最后会不会难受，要看摄入的总酒精量，喝酒时摄入的不仅有食用酒精，还有日本酒本身的酒精，所以并不是食用酒精导致身体不适。这个问题我们到第十三课会详细讲述。

　　最重要的是一瓶酒对于自己来说到底好不好喝，而并非是否添加了食用酒精。大家可以尝尝添加了食用酒精的酒，看看到底好不好喝。

第三课
总 结

🧪 食用酒精并不像世人说的那么不好。

🧪 现代酿酒业中并没有使用不明材料和不明制法。

🧪 很少有厂家会用勾兑水的方式增产牟利。

🧪 食用酒精是为调味添加的，倒不如说这是在考验匠人的技艺。

🧪 一瓶酒的味道好不好，要靠自己判断。

第四课　掌握解读标签的方法

前面我们已经学习了特定名称酒和食用酒精的相关知识。不过，在日本酒标签上写的信息并不只有这些。更确切地说，这些以外的信息，才是与味道相关的重点。

日本酒的标签分成贴在正面的"正面标签"，和贴在背面的"背面标签"。如果掌握了这些标签的解读方法，就能在一定程度上想象出一瓶酒的味道。不过，不同的酒标签上写的内容不同，有的酒甚至干脆没有背面标签。为什么会有这种情况？标签的解读到底应该掌握到什么程度？这些我们将在第四课学习。

标签分成正背面

买酒的时候除非去可以试喝的店，否则想知道一瓶酒的味道，只能通过解读标签。那么，要从哪里看起呢？

我们刚才讲过，日本酒上贴的标签有两种。一种是用大号字体写着酒的名字，贴在酒瓶正面，让人一眼就能看到的"正面标签"；另一种是写着详细信息，贴在酒瓶背面的"背面标签"。正面标签上写的是这瓶酒最重要的信息，背面标签上写的则是酒的特色，和一些在正面标签上没有写的详细信息。不过，对于背面标签上的信息，是没有硬性规定的。制造商可以根据每种酒的情况决定在背面标签上写什么，所以并不是所有的酒都写着相同的项目。还有一些酒没有贴背面标签，并有意将信息或数据隐藏了起来。

先看正面标签

我们先按顺序来看正面标签上必须写明的项目。近来，除了用大号字体展示酒名之外，还充满了各种各样的设计风格。有模仿葡萄酒标签的风格，也有在标签上加插画的，等等。还有在配色上下足功夫的标签，比如适合夏季喝的酒用清凉风格的蓝色系，适合冬季加热喝的酒便设计成暖色系。

如此多样的设计已经使人有了挑选的乐趣，而仔细观察的话，还能看到以下这些信息。

【注明"清酒"或"日本酒"】

这是一瓶酒的"品名"，也就是用来说明这是一瓶日本酒。如果添加了酿造日本酒的规定之外的材料，或是酒精度数超出范围的话，这瓶酒就不是日本酒，标签上也会注明"利口酒"或"杂酒"等。

【原材料名】

原材料名一般从比例较高的原材料写起。日本酒的标签上一般先写米、米曲等原材料。"米""米曲""食用酒精""糖类""酸味剂"等都有可能出现在标签上。除了米和米曲以外，只要是在酿造过程中添加的东西，都必须写上。一瓶酒是否添加了食用酒精或糖类，看标签就可以判断。

另外，特定名称酒的标签上，原材料名附近需要写上抛光留存率。

【抛光留存率】

这是表示米被磨去（削去）多少分量的比例数值。糙米为100%，米被磨去越多，这个数值就越小。平时我们所吃的白米（食用米）用抛光留存率来表示的话，是90%

左右。这是特定名称酒必须写明的信息，普通酒可以不写这一项。

【酒精度】

这表示一瓶酒有多高的酒精度，若是想归于"清酒"类，那么酒精度不能超过 22 度。如果在 22 度以上，就属于利口酒或杂酒。

【制造日期】

制造日期写作"制造年月"，表示一瓶酒的酿造时间。不过这并不是指一瓶酒什么时候酿成，而是指酒装入酒瓶或其他容器的时间。假设在平成 24 年（2012 年）酿造完成的日本酒没有装瓶，而是继续成熟到平成 26 年（2014 年）才装瓶。在这种情况下，制造日期就会记为平成 26 年（2014 年）。这个日期可以用公历表示，也可以用日本的历法表示。

另外，如果一瓶酒的容量在 300 毫升以下，可省略"年月"，只写作"制造日"。

【注意事项】

酒的标签上都会提示"法律禁止未成年人饮酒"之类，防止未成年人喝酒的注意事项。还会记载一些生酒的保存

和饮用方面的注意事项。

【制造商的名称】

指的是生产这瓶酒的厂商。

【制造商的所在地】

指的是生产这瓶酒的厂商的具体地址。

【容器的容量】

指的是一瓶酒的体积，需要以 1.8 升或 720 毫升的形式来表示，而不能记载为日本的计量单位一升或四合。

另外如果一瓶酒达到法律规定的特定名称酒的标准的话，就可以写上特定名称，诸如"吟酿""纯米"或"本酿造"等。除了特定名称外，还有"原料米的品种""产地名""酒的性质"等。酒的性质指的是"原酒"或"生酒"等。

背面标签记载着酒的味道

和正面标签不同，背面标签写的是酒的特点等数据，目的是为了让消费者更加了解这瓶酒。背面标签的写法没有硬性规定，所以并非每瓶酒都写着同样的项目，我先为大家介绍一些常见的项目。

【原料米·使用的酵母】

表明酿造这瓶酒所用的米和酵母的品种。除了正面标签外，有的酒在背面标签上也会注明抛光留存率。

【日本酒度】

在理解这个概念前，我们先要明白的一点是，水比酒精重，每毫升水大约比每毫升酒精重 0.2 克。所以在容量相同的情况下，纯酒精比水轻。但在相同容量下，4℃的水和日本酒一样重，此时的日本酒度为 0。因为在实际情况下，日本酒除了酒精外，还有各种各样的成分，其中糖分特别多。由于糖比水重，所以糖分越高，这瓶酒就越重。

在日本酒中加入糖后，每毫升重量比水（4℃）轻的话，日本酒度便为正（+），反之为负（-）。所以，当一瓶酒的日本酒度为正，就表明这瓶酒里基本没有加糖。而日本酒度为负，就是说这瓶酒里加了许多糖。

这样一来，或许有人认为一瓶酒的日本酒度为负的话，就是甘甜的。不过很遗憾，日本酒度并不是以甘甜或辛辣为指标的。甜味与其他味道的比重如何，才能决定是否呈现甜味，这点我会在第九课详细讲述。而且就算两瓶酒的

純米吟醸 無濾過生原酒 星乃海

純米吟醸無濾過生原酒『星乃海』は、瀬戸内海に面した星空の綺麗な地で醸されました。しっかりとした味わいながらも後味のキレがよく、食事の邪魔になりません。若き杜氏が、次世代を担うこれからの人に飲んで欲しいという思いを込めて造ったお酒です。是非、さまざまな料理と一緒に味わってください。

原 料 米	山田錦 100%
原 材 料 名	米・米麹
アルコール分	17度
精 米 歩 合	60%
日 本 酒 度	+2
酸 度	1.2
アミノ酸度	1.0
酵 母	非公開

日本酒 720ml詰 製造年月 26.12

次世代酒造株式会社

広島県呉市星海通 1-17-14　http://ji-sedai.jp/

未成年者の飲酒は法律で禁じられています

日本酒度相同，但酒精度不同的话，甘甜的程度也是不一样的。假设有一瓶酒酒精度是 18 度，另一瓶酒是 15 度。18 度的那瓶因为酒精添加得比较多，所以比 15 度的那瓶轻一些。如果想让 18 度和 15 度的酒的日本酒度相同，18 度的酒就要比 15 度的酒添加更多糖才行，这样一来甜度当然也会受影响。

另外，像浊酒那样，酒中含有细细的米粒的话，沉淀物比水重，便会导致整瓶酒比较重。即使某种浊酒中基本没有添加糖分，味道也不甜，但由于沉淀物比较多，也会使日本酒度为负。所以日本酒度并不是以甘甜或辛辣为指标的，这一点大家要注意一下。

【酸度】

日本酒中并不只含有酒精和糖分，还有许多有机酸类（琥珀酸、苹果酸、乳酸、柠檬酸等）。这些酸的作用在于让人品尝到酸味，酸度就是表示这类酸味物质含量的数值。

【氨基酸度】

日本酒不仅含有琥珀酸等有机酸，还有氨基酸。氨基酸含量高的酒尝起来会更鲜美。氨基酸度就是表示酒里含有多少氨基酸的数值。

【酿造年份】

酿造年份写作 BY（Brewery Year），表示这瓶酒是在哪一年酿造的。日本酒的酿造年份和我们平常所指的一年（日本的年度是从每年 4 月 1 日开始算起，到翌年的 3 月 31 日为止）不同，是从 7 月 1 日到翌年的 6 月 30 日。如果标签上写的是平成26BY，就是指 2014 年 7 月到 2015 年 6 月期间酿造的酒。

上面提到的项目中，能用来判断一瓶酒的味道的，就是酸度和氨基酸度。不过，酸味和氨基酸带来的鲜味与其他味道的相乘效果，以及酒温的变化，也能给品酒的人带来不一样的感觉。所以不能只看数值，就盲目地认定一瓶酒的味道。

另外，酿酒师对某些酒会有一些推荐的饮用方法，所以有些标签上会写"推荐的品尝方法"或"甜辣度"等信息。推荐的品尝方法中会有"冷藏""室温""温烫""热烫"等项目，以△、○或者◎等表示。假设◎表示冷藏，那么有这个记号就表示这瓶酒冰过会比较好喝。甜辣度则分为"甘甜""稍微辛辣""辛辣"等。

有些厂家会选择隐藏某些酒的信息，这么做的原因在于，希望品酒者不要在品尝前因为标签的数据而对酒产生先入为主的判断，而是在空白的印象下品尝酒的味道。如果遇到这种酒，直接品尝即可，用自己的感官来判断酒的味道。

第四课
总结

🧪 解读标签，便可大致判断一瓶酒的味道。

🧪 然而并不是所有的味道都能通过数值判断出来。

🧪 背面标签的写法没有硬性规定，有些酒没有背面标签。

🧪 日本酒度并非酒的甜辣度。

🧪 有些日本酒选择不公开详细成分信息。

特别讲座① "三增酒"已不存在

第三课所讲的"三增酒"，是在二战时期迫于无奈制造出来的。不过在战争结束后，依然持续生产了很长一段时间。因为当时可以供给民众喝的酒只有日本酒，即使不宣传，也能够很快售出。

因此，原本是在物质紧缺时期的过渡，之后却被用于牟利。将酿造出的日本酒勾兑至原来三倍的量，利润理所当然可以增加不少。但厂家将勾兑到味道变淡且难喝的日本酒销售出去，给日本酒业界带来了不良的影响。

另外，添加了许多食用酒精的酒，味道变得太淡而且几乎没有酒香。厂家为了补足甜味，会添加一些糖类和酸味剂。这些添加了糖类等物质的酒（现在有些普通酒也这么做）被称作"黏糊糊的甜酒"，日本酒也因此遭到了批判。

在当时，如果到商店买酒时遇到没有写牌子的酒，只写着"日本酒"的话，一般都是三增酒。因此，有些人第一次喝日本酒就喝到了三增酒，使他们对日本酒产生了不好的印象，之后即使喜欢其他种类的日本酒，也觉得添加了食用酒精的酒就是不好的酒。认为添加了食用酒精的日本酒即为次品的人们，多数是因为喝过三增酒留下了阴影。

不过，现在已经没有厂家生产三增酒了。而且前面也有提到，通过修订酒税法，三增酒已经不被承认为清酒了。现在如果制造出三增酒的话，只能归为"利口酒"或者"杂酒"。所以大家在买酒的时候，看到标签上有"利口酒"或"杂酒"的话，避开不选就可以了。而对初尝日本酒的人来说，避开添加了糖类的日本酒（普通酒）比较好。

另外，大家可以用前面说的要点来判断自己看到的日本酒评论是新的还是旧的。比较遗憾的是，现在依旧有些博客用三增酒来批评日本酒，可能博主参考的资料比较旧。有些日期较新的评论还用三增酒来做文章，就表示博主没有好好筛选，将新旧资料混为一谈。这种评论是落后于时代的，希望大家记住。

第3章 深入了解更多知识，

可以"看到"日本酒的味道

那些表示的是酒的酿造工序

昨天你教的解读标签里面没有啊

荒走酒、责酒、无过滤什么的，到底是什么意思啊？

这么说来，我还不太清楚日本酒是怎么酿造出来的呢

酿造方式会影响酒的味道哦

火入
生酛·山废
四段添加
荒走酒
无过滤
中取酒
袋吊酒
责酒
生贮藏酒
贵酿酒
原酒

好多呀

就算只是大概意思，也想记住

那米的品种和地区差别呢

米的品种也这道酒的味道也会影响

真是个好问题

嘿嘿嘿

你问的这两点我也会一并解释的！

请给我这瓶荒走酒

53

第五课　　酿造方法能否决定日本酒的名称

　　前面我们学习了看标签的方法，这或许对大家有点难。有些人会觉得全部记住不容易，而且每次都仔细看背面标签实在麻烦。既然这样，那就需要首先记住一个重点，也就是"日本酒的名称"。

　　日本酒并不是只有前面所介绍的那几个特定名称。由于酿造日本酒有各种各样的工序，日本酒的味道也会因制法的不同而改变，所以一瓶酒的酿造方法，也可以决定它的名称。因此一般来说，根据名称就可以在某种程度上了解一瓶酒。

　　不过，有很多酒名称很长，比如"生酛纯米无过滤生原酒"。这种名称由好几个词语组成，表示在酿酒过程中的各道工序里使用的酿造方法。乍看之下十分复杂，不过我们可以通过理解各个词的意思，来把握这是一瓶什么样的酒。

日本酒是怎样酿造出来的

日本酒是用曲霉菌使大米糖化，再用酵母让这些糖发酵而成的。大米中原本是没有糖分的，而是含有淀粉。酵母没有分解淀粉的能力，但酿酒时必须使淀粉分解为糖。这个过程称作糖化，是由曲霉菌来完成的。我们在咀嚼米饭时，会觉得口中渐渐有甜味吧？这就是糖化。不过这时并不是曲霉菌在起作用，而是唾液中的淀粉酶将淀粉分解为糖。

酒的发酵原理主要在于"使糖发酵后变成酒精和二氧化碳"。也就是将曲霉菌分解出的糖经过酵母的发酵后，得到酒精和二氧化碳。

在进行这几项作业的过程中，如果一开始就将大量的米和曲霉菌、酵母混在一起发酵的话，效率会非常低下。这时，人们会先用蒸过的米和曲霉菌来制造"米曲"，也就是我们在标签上原材料部分中看到的米曲。用来制造米曲的米称作"曲米"。等米曲制造完毕，再加入水和酵母，然后加入少许蒸米（这里可以称作酒母米）。

这么做的原因在于，在细菌的世界中，先繁殖的细菌

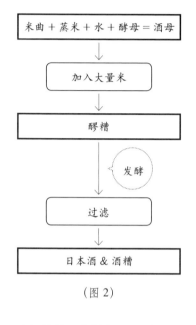

米曲＋蒸米＋水＋酵母＝酒母

↓

加入大量米

↓

醪槽

发酵

↓

过滤

↓

日本酒＆酒糟

（图 2）

会占上风，所以需要事先准备一个让酵母容易繁殖的环境，让它们繁衍许多后代。在这种环境中，酵母繁殖出的后代，就称作"酒母"，或者被称作"酛"。等"酛"生成后，再加入大量的米，正式开始发酵，从而制造出醪槽。在酛中加入的米，称作"醪槽米"。

醪槽发酵之后，日本酒就差不多制成了，再进行过滤，将"日本酒"和"酒糟"分离就可以了。

把以上流程用图来表示的话，就如上图（图 2）。

【生酛·山废】

虽说制造酒母于专用的酒母室进行，但里面并不是无菌空间。因此空气中会混入杂菌和其他种类的酵母。这些杂菌一旦繁殖，就无法控制酿酒的精度了，因此必须驱逐这些杂菌和酵母，这时乳酸就派上用场了。乳酸并不会对制造日本酒的酵母产生影响，却可以驱赶其他的菌类。

活用乳酸的方法有两种。一是在发酵仓或自然环境中取乳酸菌，使其生成乳酸；二是加入酿酒用的乳酸。

取天然乳酸菌，在对其进行培养的同时活用乳酸，从而制造出酒母的方法称作"生酛酿造法"。直接加入酿酒用的乳酸则称作"速酿法"。生酛酿造法生成的酒母称为"生酛"，速酿法生成的酒母则被称作"速酿酛"。

生酛酿造法中，有一个称作"山卸"的步骤，指的是用曲霉菌和蒸米配合，来促进曲霉的酶活动。不过，用水和曲霉菌混合，将其中的酶抽出来的话，就算不用"山卸"的步骤，也能达到生酛酿造法的效果。这就是省略山卸步骤的酿造方法。如此造出来的酒母称作"山卸废止酛"，略称为"山废酛"，也就是"山废"酒母。

无论生酛还是山废酛，都是在长时间培育乳酸菌之后得到的酒母。到了这个步骤还存活下来的酵母，生命力是很强的。

【四段添加】

在制造醪糟时，需要将酒母转移至发酵槽里，再添加蒸米、米曲和水。但这些并不是一次性全部添加进去的，如果一次性全部添加的话，好不容易培养作酒母的酵母等物质就会被冲淡，导致杂菌混入。因此要先添加一些，在酵母完全处于优势的时候再继续添加，像这样添加数次。分成三次添加的方法称作"三段添加"，是较常用的做法。

在三次之后继续增加次数的日本酒可以用"〇段添加"来取名，表示添加的次数。三次以上的添加方法中，添加四次的，也就是四段添加比较有代表性。四段添加的过程中，在添加了三次之后，为了让酒具有甜味和浓度，多数会加入糖化之后的蒸米和水。因此，这样酿出来的酒多数是偏甜的。

【贵酿酒】

在上述的添加工序中，一般添加米和水。不过，也有一种不仅添加水，同时也添加日本酒的。也就是说，用米和水，还有日本酒来酿造日本酒。通过这种方法酿造出来的日本酒，称作贵酿酒。

事实上，产生酒精的酵母，会在酒精浓度上升到一定程度后，在自己造出的酒精中死去。大家都知道酒精是可以消毒的吧，所以，酵母菌也会被杀死。这就是酿造酒无法超过一定度数的原因。通过用日本酒代替一部分水，增加酒精含量，让酵母在将糖分解完之前就死去。这样一来，就会留下许多糖分，酿出的酒味道也会偏甜。另一方面，添加的日本酒也有其本身的鲜味，所以贵酿酒是较为浓厚、香醇的日本酒。

【荒走酒、中取酒、责酒】

添加完醪糟后，酒槽中的酒精就开始正式进行发酵。发酵后再次产生的醪糟称为"浊酒"，为了得到清酒，将这些浊酒进行过滤的工序称作"上槽"。另外，添加食用酒精的工序，是在上槽之前进行的。

经过上槽的酒，大致会被分为三个部分。最初过滤出的酒称作"荒走酒"，中间的部分称作"中取酒"或"中垂"，最后的部分称作"责酒"或"攻酒"。

荒走酒的特点是有着清新而丰富的香味。由于这是第一道加压榨取、经过过滤后得到的酒，所以还有些浓稠。之后出现的有透明感的酒就是中取酒了，中取酒的香气和味道的平衡较好，被公认为品质最好的酒，经常在鉴评会上推出。在中取酒被过滤完之后，最后还能再增加压力榨出一道酒，那就是责酒，这种酒有杂味，是一种浓缩后的味道。

平时市面上的酒多数是以这三道酒混合调制而成的，不过也有只取其中一道的，这种情况下，在标签上会标记"荒走酒""中取酒"或"责酒"的字样。

【袋吊酒、斗瓶蓄酒】

在压榨醪糟的时候，一般使用"槽"或"自动压榨机"

进行。简单来说，就是对醪糟施加压力，将酒榨取出来。不过，也有将醪糟放入酒袋中，借助重力让酒一滴一滴地滴下来，以此收集酒的方法，被称作"袋吊酒""袋取酒""滴取酒"。

由于这是没有加入人工的压力，而是精心花时间收集而成的酒，所以酒质较纯，没有杂味。如果滴下来的酒用一斗瓶（1 斗 =18 升）收集，那么也可称作"斗瓶蓄酒"。

【浊酒、滓络酒、无过滤酒】

如果在压榨醪糟的过程中，过滤用的是孔眼较大的滤网或者布，醪糟中颗粒较小的米就不会被过滤掉，而是留在酒里。这种酒称为"浊酒"。

即使用孔眼较小的滤网来过滤，也还是会有一些细小的颗粒残留，这种颗粒称为"滓"。像这样有沉淀物，看起来稍微显出白色的酒被称作"滓络酒"。

去除沉淀物的工序称为"滓引"，去除沉淀物之后再用过滤器进行过滤，就能去除所有的沉淀物和杂味，从而得到"日本酒"或"清酒"。没有使用过滤器进行过滤的酒被称作"无过滤酒"。

【原酒】

通过压榨醪糟得到的日本酒，一般酒精度在 18 度左右，有些情况下会到 20 度左右。以前我们也曾讲到，没有蒸馏过的酿造酒，啤酒一般在 5 度左右，葡萄酒在 14 度左右，如此对比，就可以看出日本酒的酒精度明显比较高。酒精度高的话，喝起来确实不太轻松。

于是日本酒在装瓶的时候会加水，将酒精度调整稀释到 15 度左右。这就是"加水"，如果没有加水，直接装瓶的话就是"原酒"。

【火入酒、生酒、生贮藏酒、生诘酒】

醪糟经过压榨之后，将日本酒通过加热杀菌的过程称作"火入"。这道工序在压榨醪糟之后会进行一次，装瓶的时候再进行一次，一共进行两次。有一种称作"火落菌"的细菌，可以说是日本酒的天敌，这道杀菌工序就是为了杀死这种细菌。如果火落菌进入贮藏中的日本酒，会使酒变成白色浑浊状，并产生臭味。这道杀菌工序的另一个目的是为了让酶失去活性，因为酶会加速日本酒的成熟。如果没有经过杀菌，日本酒就会在瓶中不断变质，所以为了保持品质稳定，要进行杀菌。

虽然简单概括为杀菌，但实际操作的方法有很多种。以前的主流做法是将压榨出的酒加热到 70℃ 左右，然后移到酒桶里，装满后再往桶上泼冷水来降温。不过，这种方法会让酒长时间处于温度较高的状态，冷却过程也比较花时间，从而导致酒香的成分挥发，有可能延长酒的成熟时间。所以，现在一般使用一种叫作片式加热器（plate heater）的机器，一口气进行冷却，尽量缩短酒处在高温中的时间。另外还有"瓶火入""瓶烫火入"的方法，指的是将酒装进四合瓶（720 毫升）或一升瓶（1.8 升）之后，用开水加热到 60℃ 至 65℃，再放进装有冷水的水槽中进行冷却。

在出厂前一次也没有杀过菌的酒称作"生酒"，也有一些酒只经过一次杀菌而不是常规的两次，这种情况的话，要按照在哪个时间点进行杀菌来决定这瓶酒的名称。如果是没有进行第一次杀菌，在生酒的状态下就低温贮藏（因为火落菌在 10℃ 以下会失去活性），只在装瓶时才杀菌的酒称作"生贮藏酒"。而压榨后进行一次杀菌，但在装瓶时没有杀菌，直接出厂的酒称作"生诘酒"。

生酒、生贮藏酒、生诘酒、火入酒都是原酒，不过它们的味道大不相同。我们会在第十二课详细讲述它们各自呈现的是怎样的味道。

讲到这里，让我们根据前面的内容，再次用图表的形式来总结一下。请和上一个图对比阅读。（图 3）

这样一来，经过哪些工序酿造出的日本酒的名字是什么，大家应该比较清楚了吧。例如"是否添加实用酒精"，

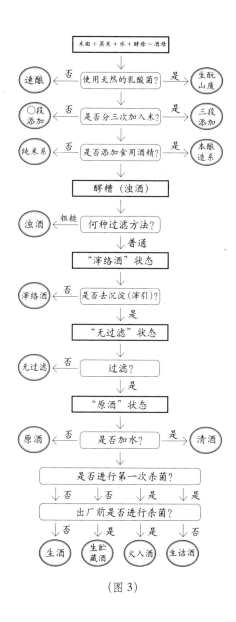

（图3）

如果是的话就是本酿造系的酒，不是的话就是纯米系的酒。但图中横向的项目并不是代表终点，这些酒还可以继续进行加工。最终各道工序组合，才能得到酒的正式名称。例如"纯米"酒经过各道步骤后，依次变成"滓络酒""无过滤酒""生酒""原酒"的话，就是"纯米无过滤生原滓络酒"。大家在看酒的名称时，请务必参考这个图表。

第五课
总结

- 酿造日本酒的各道工序中，以不同方法酿造出来的日本酒味道不同。

- 日本酒的名字以经过的各道工序名称来命名。

- 由于工序名称可以组合，所以有些酒名字比较长。

- 只要明白各道工序的意义，就能在一定程度上猜测一瓶酒的味道。

- 工序不同，对酒的味道有巨大影响（针对特定名称酒）。

第六课　米和酒的味道是否有关系

　　到第五课为止，我们学习了与日本酒的味道有很大关系的酿造工序及其名称。不过，对于标签上所写的信息，还有一部分我们尚未接触。首先，从米开始看吧。

　　实际上，谈到日本酒的种类，最难的应该是和"米"有关的部分。到底难在哪里呢？我们和其他酒比较一下再详细讲解。

　　比如葡萄酒，一般人们会讨论一瓶葡萄酒以哪个品种的葡萄酿造，因为葡萄的品种和酒的味道有很大的关系。但是在啤酒的问题上，就没什么人会研究一瓶酒以哪个品种的小麦酿造而成。虽然小麦对酒的味道并非没有影响，但酿造葡萄酒时是让糖分直接发酵，而小麦是经过一次糖化之后再进行发酵的。也就是说，直接起作用的主体不同。

酿造日本酒时，也是让米经过一次糖化之后再进行发酵的。不过，人们经常关注一瓶日本酒使用哪种大米进行酿造的问题，原料的受关注度大概在葡萄酒和啤酒之间。到底米和日本酒的味道有多深的关系呢？这一课我们就来揭开这个谜题的答案。

酿酒适用米和食用米

酿造日本酒时使用的米大致分为两个种类。一种是平时我们用于煮饭的食用米，还有适合酿酒的酿酒适用米。

酿酒适用米是颗粒比较大的米，米心的部分称作"心白"，呈白色浑浊状。米心构造上有许多细小的间隙，因此呈浑浊状。这些间隙容易使曲霉菌的菌丝进入，从而形成高质量的曲米，所以这种米适合用来酿酒。

如今的酿酒适用米有100种以上，具有代表性的是"山田锦""五百万石""美山锦""雄町""八反锦"等品种。特定名称酒一般使用酿酒适用米来酿造。

食用米也可以用来酿酒，不过食用米和酿酒适用米不同，含有许多蛋白质，吃起来有鲜味。虽然食用米吃起来味道不错，但用于酿酒的话，蛋白质就会成为杂味的罪魁祸首。也就是说，酿酒适用米和食用米的性质是不一样的。虽然比起酿酒适用米，普通的食用米有许多杂味，但也完全可以用来酿酒。具有代表性的是用"越光"米酿造的酒，还有用"佐佐锦""日光"等品种的米酿造的酒。由于食用米比酿酒适用米更便宜，所以许多普通酒的原材料是食用米。

补充说明一下，如果一瓶酒要命名为特定名称酒，那么所用的原料米必须具备一个条件，那就是"规定等级在3级以上的玄米，或者与之等级相当的玄米磨成的精米"。换句话说，即使某一种米是酿酒适用米，但如果没有被定级，那么酿造出的日本酒也不能称为特定名称酒。因此，有些酒在酿造过程中使用了与特定名称酒一样繁复的程序，而且也使用了酿酒适用米，但因为所用的米没有等级，所以这些酒的售价也和普通酒一样便宜。

日本酒的原料米需要购买

酿造葡萄酒的酒庄一般都拥有自己的葡萄园，用自己栽种和收获的葡萄来酿造葡萄酒。因此，葡萄酒有地区之分，在特定地区风土（气候和土壤等自然环境）中培育的葡萄酿造出的葡萄酒，味道是其他地区的酒庄无法模仿的。

那么日本酒是什么情况呢？日本酒的酿酒厂商一般没有自己的土地。因此，他们需要与农户签合同，从农户手中购买米来酿造日本酒。举个极端的例子，北海道的酿酒厂和九州的酿酒厂，用的可能都是兵库县某农户栽种的山田锦，不同酿酒厂买同样的原料米的情况并不少见。虽说"当地出产的酒"会给人一种绝对要用当地的水和米等原料来酿造的印象，但实际上，许多酿酒厂都是购买其他县出产的大米来酿酒的。

最近，各县的酿酒厂组织认为，使用其他地方出产的米酿出的酒，不能算真正的"当地出产的酒"，所以开始主导培育新的酒米。因此有许多新品种问世，例如山形县的"出羽灿灿"，新潟县的"越淡丽"，石川县的"石川门"，静冈县的"誉富士"等。

米不同，酒的味道是否也不一样

那么大家一定会关心，到底哪种米酿出来的酒更好喝呢？如果把全国的每一种米都买来酿酒，理论上肯定有一种米酿出来的酒最好喝，那么所有的酿酒厂就可以都使用这种米。这样酿出来的最好喝的酒到底是什么味道，大家一定很好奇吧？

现在，用山田锦酿出的酒，被公认为是最好喝的酒，在鉴评会上出场的酒，多数是用山田锦酿造的日本酒。其中，尤其以兵库县出产的山田锦酿造的日本酒，被认为是最好喝的酒。那么，如果只寻找使用兵库县产的山田锦酿造的日本酒，是否就能邂逅味道最好的日本酒呢？

日本酒的味道的确会因米的不同产生差异。而且如前文所说，酿造日本酒的米是购买来的，因此会出现不同的酿酒厂使用相同产地的米的情况。不过，这些用米相同的日本酒，味道也不尽相同。就算使用同样的米和同样的酿造工序，只要不是同一家酿酒厂，生产出的日本酒味道依然不同，这种情况并不少见。

实际上，比起米的不同，酵母和水，还有各个酿酒厂的酿造方法，对酿出的酒的味道有更大的影响。即使用完全相同的米，速酿法酿造出的日本酒和生酛酿造法酿造出的日本酒，味道也会有很大的不同。假设米的味道对酒的味道影响非常大，那么用同样的米生产出的日本酒，味道应该比较接近才对。但事实上，即使米的味道会对酒的味道产生影响，也不能完全决定酒的味道。

在酿造日本酒之前，酿酒师是如何选择原料米的呢

大致分为两种方法。

一种是酿酒人先在脑海中想象自己想酿造的日本酒是何种味道，再以此来选择合适的米。换句话说，就是以酒的味道为优先。

另一种方法是，先假设使用某种米酿造出的酒会是什么味道，也就是以米的味道为优先。

两者乍看之下有些相似，但其实是有区别的。例如使用当年的新米酿酒之后，酿酒师如果觉得这些酒"达不到

令人满意的味道"，那么酿造完的第一年，厂家会选择不出售这些酒。但如果是以第二种方法酿出的酒，即使不符合酿酒师的标准，但因为以米的味道为优先，所以也会选择出售。如果不出售的话，就是厂家转变为以酒的味道为优先了。

日本酒的世界中有许多例外

味道的问题之所以复杂，是因为日本的酿酒匠人们充满了创新和钻研精神，他们喜欢创造例外。现在有许多类似"明明没有像纯米吟酿那样磨米，却有纯米吟酿的香味和味道"的酒。

与此相似的还有"明明使用了'五百万石'的米来酿酒，味道却和'五百万石'的米有点不同""明明用的是'雄町'米，却没有'雄町'米的风味"等，诸如此类的酒。有许多酿酒厂在酿酒时，故意与米的特点和味道的方向性背道而驰，以酿出不同味道的酒。另外，还有一些最新面世的普通酒，虽然其他全部特征都和特定名称酒相同，但使用的却是没有等级的米。

葡萄酒有年份之分，例如有 Great Vintage（丰收年份）出产的葡萄酿出的酒味道更好的说法，但人们不怎么关注日本酒原料米的出产年份。当然，米也是农作物，会有受气候异常等问题的影响而收成不好的年份，也会遇到良好的气候条件而丰收。用丰收年收成的米酿出来的日本酒更好喝，这是理所当然的。不过，就算是质量不好不坏、勉强过得去的米，通过匠人们下的各种功夫，也可以酿造出和丰收年一样好喝的日本酒。换句话说，勉强过得去的米也可以酿出 90 分以上的日本酒，而质量好的米酿出的酒则能达到 120 分。

因此，虽说米的不同会对酒的味道产生影响，但匠人们的技艺可以让味道产生巨大的变化。各位在刚入门的时候，不需要特别去注重米的不同，可以以"酿酒厂"为单位来选择酒。比如某个酿酒厂的酒比较好喝，另一个酿酒厂的酒不太合自己的口味，等等。比起执着于山田锦米酿出的酒，只喝各种用山田锦米酿造的酒，选择酿酒厂更有可能让你邂逅自己喜欢的酒。

如果有了偏好的酿酒厂，可以试试这家酿酒厂以不同种类的米酿造出的日本酒。这样一来，就可以知道在这家酿酒厂中，自己喜欢用哪种米酿造的酒了。

第六课
总结

🍶 虽然根据米的不同，日本酒的味道会有所区别。但除此之外的因素，对日本酒的味道影响更大。

🍶 即使用相同的米，不同的酿酒厂酿造出的酒味道依然不同。

🍶 原料米的选择上，"为了酿造出某种味道而使用某种米"的选择方式居多，也就是匠人多以酒的味道为优先。

🍶 新手不适合太关注原料米，最好先比较不同的厂家。

🍶 建议大家积极尝试同一家酿酒厂中用不同的米酿造出的日本酒。

第七课　　产地和酒的味道是否有关系

在第六课，我们了解了日本酒的味道会因米的不同而改变。但到最后，我们也认识到除了米之外，水、酵母、酿造方法等因素会对酒的味道产生更大的影响。那么产地的差别呢？日本有些地方被称作"酒乡""米乡"，这些地方出产的日本酒备受人们的赞赏。仅仅是产地不同，日本酒的味道真的会有那么大的区别吗？让我们接着往下看。

滩的男酒，伏见的女酒

以前人们用一句俗语表示日本酒因产地不同而呈现出的不同味道："滩的男酒，伏见的女酒。"意思是兵库县滩区的酒辛辣呛口，而京都伏见区的酒口感较柔，是比较淡雅清新的酒。

这种区别到底是什么原因造成的呢？答案在于水。滩区的酿酒厂所用的水是富含矿物质成分的硬水。硬水中所含的钙和钾，还有磷酸等物质能增加酵母的活性，促进醪糟的发酵。因此可以缩短发酵时间，还能让酒中的酸味变浓。

另一方面，伏见的酿酒厂使用的水是中硬水。由于和滩的水比起来，矿物质含量较少，发酵的时间就会比较长。其结果就是酒中的酸含量较少，形成口感较柔，比较清淡的日本酒。

除此之外，滩出产的酒多销往江户，逐渐演变成符合江户人喜好的酒，而伏见的酒则演变成适合搭配京都料理的酒。以这些酒的特征为基础，人们逐渐把辛辣的酒称作男酒，口感纤柔的酒则称作女酒。

水对酿造日本酒有着巨大的影响

说到底，日本酒中比重最大的成分是水，即使酒精度有 15 度，80% 以上的部分依然是水。这就表示，用好喝的水酿出的日本酒更好喝。

因此，许多酿酒厂都很讲究用水。他们的厂址一般选择在质量好的水源边，抽取高质量的水来酿酒。除了用于泡米和在酿酒过程中添加之外，还需要清洗酒瓶等，所需的水量大约是原料米重量的 50 倍。米可以运输，但如此大量的水就难以运输了，所以酿酒厂一般选择在可以方便抽取到大量高质量的水的地方。

好水的标准是什么呢？这是个非常难的问题。用来酿造日本酒的水，既有硬水，也有软水。不过我们能确定的是，含有丰富的铁和锰的水并不适合酿造日本酒。铁之类的成分会使日本酒的色泽和味道变差，所以使用含铁量少的水是至关重要的。

从世界范围来看，日本的水总体上是软水，不过也有一些地区的水是硬水。关东地区的水质整体都偏硬。滩区的水之所以被公认为最富矿物质的水，是因为地壳中有贝壳层，钙质溶解到了地下水里。而伏见区的地壳是由花岗岩组成的，溶解到水中的矿物质总量较为适中，所以水质属于中硬水。换言之，水的硬度取决于地壳的组成部分。如果酿造过程中整体使用硬水的话，酿出的日本酒口感就较为厚实，味道比较浓醇。

另一方面，以软水酿酒闻名的地区有广岛、静冈和新潟。软水酿造出的日本酒口感比较柔滑，味道较为清爽。

不过，由于现在酿造技术的进步，无论使用硬水还是软水，通过调整发酵的过程，都可以酿造出各种口感和味道的日本酒。

气候和地域的饮食文化是否会影响日本酒的口味

不同地区的气候差异也较大。日本的国土南北跨度较长，北海道和冲绳的平均气温和降雪量差别非常大。那么，气候对日本酒的味道有影响吗？

其实要说有是有，要说没有也是没有。天气对酿酒的过程没有影响。为了方便控制温度，酿酒的季节一般都选择在冬季，因为在炎热的天气中难以给酒降温，但在寒冷的天气中可以用加热器来加热。因此不管什么气候，只要在酿酒过程中对温度控制得当，就可以顺利酿酒。更何况现在的建筑物基本都配备空调，酿酒时完全无须顾虑天气因素。

那么，气候如何影响日本酒？其实和当地人喝酒的时机有关。东北地区和新潟县居民给人比较能喝的印象，这些地区也被称作酒乡，主要原因是气候寒冷。人们在寒冷的地方为了温暖身子，会喝许多酒。口感厚重、味道浓醇的酒不适合多喝，所以在这些寒冷的地区并不受欢迎。相反，容易入口、轻柔的酒销量比较好。酿酒厂为了做生意，便会迎合当地民众的口味来酿酒。因此越来越多的酿酒厂酿造口感轻柔的日本酒，慢慢就形成了地区特色。

还有一点很重要，就是当地的饮食文化。如果某种日本酒的味道和某地经常食用的菜肴味道不合，这种酒在当地就不可能畅销。例如口感柔和、味道偏甜的日本酒适合搭配味道浓厚、稍甜的酱油味菜肴。比较辛辣、呛口的日本酒则和以鲣鱼肉做成的土佐酱油（将酱油和甜料酒、酒混合，加入鲣鱼干炖煮，过滤之后的酱油）比较相配。那么，口感较柔和、偏甜的日本酒在经常吃鲣鱼味菜肴的地方能不能卖出去呢？这比较难说，不过应该是辛辣、呛口的日本酒卖得比较好。

综上所述，有些酒扎根于当地的饮食文化中，并成为当地的代表性味道之一。那么现在我们以前面讲的内容为基础，将各地具有代表性的日本酒的味道特征整理一下。

北海道	口感爽滑、味道辛辣
东北地区	口感清爽、余味爽滑、味道辛辣
关东地区	整体口感清爽
信越地区	入口较为轻柔
中部地区	口感厚实、味道浓醇
近畿地区	口感较为醇厚，伏见区则较为温和
中国地区	山阴地区口感清爽，山阳地区口感醇厚
四国地区	高知县较为辛辣，其他地方偏甘甜
九州地区	口感略显醇厚，有鲜味

现在有变化吗

不过现在，各地区酒的口味并不一定和上述表格完全相符，由于交通运输的发达，人们可以方便地品尝到各地的特色食物。另外，如今的人们也不再拘泥于本地的菜肴，所以很难形成从前那种有当地特色的饮食文化。因此，扎根于地域的气候和饮食文化的"当地出产的酒"便越来越少。

特别是近些年来，年轻的酿酒师们经常在酿酒过程中发挥自己全新的思维方式和想象力。如此酿造出来的酒不仅配合当地人的口味，还以最新的酿造方法，酿出了包含着酿酒师对理想味道的追求。由于这种丰富的多样性，人们就无法一口断定"某个地区的酒味道如何"了。

最有代表性的是新潟县，此地以前特别流行清爽辛辣的酒，所以酿酒厂大量酿造这种口味的酒，导致许多人认为新潟县的代表性口味就是清爽辛辣。但现在越来越多的酿酒厂生产其他口味的酒，厂家为了应对客人们复杂的需求，丰富了产品的多样性。

以前的酒有地域之差而现在没有的原因，还有一点在于酵母。酵母是酿酒过程中不可或缺的材料，原本酒厂酿酒时使用的酵母是在本厂中采集的。使用在某片地域的气候等条件下成长的酵母，酿造出的酒的味道就会带有这片地域的特征。比起原料米的差别，酵母的差别对酒的味道影响更大。所以如果某家酿酒厂采集的酵母比较好，酿出的酒比较好喝，那么别的厂家也会想使用这种酵母来酿酒。于是现在日本酿造协会便到某些酿酒厂采集酵母，进行培养之后作为"协会酵母"出售。因此出现了原本成长于南方的酵母被北方的酿酒厂使用的情况。

所以，对于各地区的日本酒是否有各自特征这个问题，大家可以不必钻牛角尖。喝酒的时候稍微参考一下就可以了，关注点可以放在从前和现在的味道变化特别大的地方。

第七课
总 结

🧪 各个地区产的酒大致有各自的特色。

🧪 气候和水、饮食文化会对日本酒的味道产生影响。

🧪 但日本酒的味道并没有决定性的地域之差，最近每个地区的日本酒都有丰富的多样性。

🧪 可以参考每个地区大致的味道，但不必太较真。

特别课程② 酿造年份和日本酒之日

在第四课出现的"酿造年份"并不是按普通的日期来算，而是从 7 月 1 日开始算起。为什么要选这种不前不后的日子呢？

本来，酿造年份应该是从 10 月 1 日到翌年的 9 月 30 日，这是配合适宜酿造日本酒的时间来定的。日本酒适合在秋冬季节酿造，如果推迟一些，在 4 月或 5 月也可以。若是以通常所说的年度，也就是 4 月 1 日到翌年的 3 月 31 日来算的话，即使用同一年产的米，以同样的工序酿酒，4 月或 5 月酿成的酒也跨越了一个年度。这样一来，相关单位"把握酒税收入的基本，也就是酒类的制造数量"就会比较困难，所以根据《酿酒税法》（现在的《酒税法》）的规定，自 1897 年开始，酿造年份从 10 月 1 日开始算起。

为什么定为 10 月 1 日开始呢？因为 10 月份是新米收成的时期。以前使用新米开始酿酒的日子差不多刚好就在 10 月 1 日左右。另外一个很重要的原因就是，以前的酿酒师是农户，平常做农活，一般到酿酒季节开始时再进入酿酒厂，换句话说就是季节性工人。他们进入酿酒厂的时间基本也在10月，因此制造日期就从10月开始算起了，这个规定一直延续到1964年。

从什么时候开始变成像现在这样从7月1日开始算起呢？是1965年。由于酿造技术的进步，加上可以用提早收成的米（早稻）来酿酒，所以有些酿酒厂在10月之前便开始酿新酒了。因此从10月才开始酿酒已经不符合现实情况，国税厅才下达了变更日期的通告,这就是现在BY(酿造年份)的由来。

顺带一提，从前开始酿酒的日子，也就是10月1日，被定为"日本酒之日"。原因在于从前人们都是从这个日子开始酿酒，所以日本酿酒协会中央会议在1978年将10月1日定为"日本酒之日"。

另外，"酒"这个字所包含的"酉"字，在干支中排第10位。"酉"字是代表装着酒或调味料等经过发酵的物品的瓶子的象形字。因此，干支第10位的酉字也被当成10月1日的代表，而成为日本酒之日。其他与发酵相关的东西,例如酱油之日也是10月1日。

第4章　品酒者眼中的日本酒

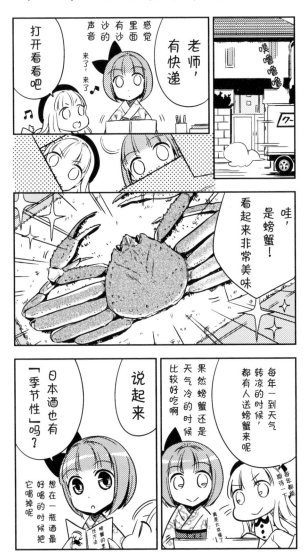

老师，有快递

打开看看吧

感觉里面有沙沙的声音

来了，来了

哦噜噜噜

哇，是螃蟹！看起来非常美味

每年一到天气转凉的时候，都有人送螃蟹来呢

每年都能期待一下真是太幸福了

果然螃蟹还是天气冷的时候比较好吃啊

说起来

日本酒也有「季节性」吗？

想在一瓶酒最好喝的时候把它喝掉呢

螃蟹的里住方法

冬季至春季。
是新酒和浊。
酒的季节。

夏季就喝夏
吟或夏纯

秋季是
冷却酒

有些酒是季
节限定的，
不过也有整
年都在销售
的酒哦

总之，无论
哪个季节，
都有好喝
的日本酒

感觉
有点
勉强呀

还有，
重要的是

刚买回来的酒，
趁着新鲜马上喝，
就是最佳的饮用
时间啦

趁着还新鲜
的时候……

蟹！好
想吃啊

要要要！

太棒了—！

要不要吃？

第八课　日本酒是否有饮用的"最佳时间"

在之前的课程中，我们学习了如何解读日本酒标签上的大部分信息。从现在开始，我们将要学习关于日本酒的种类和品尝方法、选择方法等知识。首先希望大家记住的是，日本酒是否有"当季"的问题。

许多食物都有一段吃起来最美味的时间，也就是"当季"，比如当季水果或当季蔬菜。如果日本酒也有"当季"的话，大家应该都不想错过在某个季节喝到味道最好的日本酒吧。

日本酒一般在冬季至早春酿成，然后大家可以在一年的时间里享用。随着时间的流逝，有些日本酒的味道也会随之改变。当然，即使是同一种酒，酿成之初的味道，和放置一年之后的味道也会有所不同。

味道不同，就意味着一瓶酒在某段时间里会呈现出最好的味道，也就是"当季"的概念。这堂课我们就在这个概念的基础上，来了解日本酒的"最佳饮用时间"吧。

刚买来的时候最好喝

我们先来记住最基本的一点，那就是"日本酒在刚买来的时候最好喝"。想喝到最好的日本酒，最直接的方法是购入之后直接开瓶饮用。

酿造日本酒的厂家，会根据酒的状况调整出厂的时间。如果厂家认为一瓶酒的味道还不够浓醇，就会等待它继续成熟一段时间后再出厂。举个极端的例子，如果酿酒师认为某些日本酒在成熟之后才更好喝，那么就算等上三年，他们也会在味道达到满意的程度之后再出售。

厂家肯定希望自己生产的酒能在最佳状态下被客人饮用，所以会在酒处于最佳状态时再进行售卖。因此，说到饮用的"最佳时间"，就是把刚出厂的日本酒买回来的时候。

日本酒也是季节酒

我们也可以将所有的日本酒都看作限定品，即使看起来是同样的品名，使用的也是同一种米，但制造的年份不同，原料米出产的年份当然也是不同的。从这个角度思考的话，严格意义上讲就不存在相同的日本酒了，因此可以说日本酒是限定品。

而其中存在着许多比较特殊的酒，可以说是真正的季节限定品，也就是只适合某个季节饮用的日本酒。日本是个四季分明的国家，每个季节的气候都是不同的。如此一来，每个季节让人觉得美味的食物、饮品也各不相同。所以许多日本酒要配合季节饮用，才能品尝到最好的味道。在某个季节饮用最适合这个季节的日本酒，这正是真正意义上的"当季"，或者说"讲究"。接下来，我将为大家介绍适合每个季节饮用的日本酒。

新酒的季节是浊酒的季节

每年第一批开始酿造，而且最先出厂的酒，被称作新酒。冬季至春季是日本酒酿造完毕的季节，同时也是新酒的季节。喜欢喝还没成熟、新鲜的酒的人，可以把握这个机会多喝一些。但是很遗憾，家用冰箱的冷藏能力不足，不能将这个时期的酒完全保留在刚出厂的状态。因为无论如何，酒本身都会逐渐成熟，所以推荐大家在刚买来的时候多喝点。

新酒中还有一种特别好喝的酒，那就是最近受到世人关注的"立春晨榨酒"。正如字面意思所示，这是在立春之日的早晨榨出，然后直接装瓶出厂，当天就出现在门店里的酒。这种酒相当于日本酒界的博若莱新酒（Beaujolais Nouveau）①，拥有不少人气。为什么能做到当天就出售呢？那是因为在当天早晨，门店的工作人员会前往酿酒厂帮忙。他们帮着榨取日本酒，装瓶完毕后马上接收，回到门店所在地就立刻上架售卖。客人能在晚上喝到早晨刚酿好的酒，可以说没有比这更新鲜的了。如果你喜欢新酒，就好好尝尝这种只能在原产地尝到的，刚诞生的日本酒吧。

另外，新酒的季节也可以说是浊酒的季节。用网眼较粗的滤网过滤醪糟后，还有一些沉淀物的浊酒，是冬季到春季的好酒。多数滓络酒和浊酒都在这个时期出现，其中比较受关注的是"活性浊酒"，也就是装瓶之后，酵母菌还在瓶中发酵的酒。这种酒可以让人品尝到碳酸的感觉，是绝对只在这个时间才能喝到的酒。那种充满气泡、富有生命力的口感，让人品尝一次便难以自拔。

---

①博若莱是法国勃艮第南部的一个知名葡萄酒产区。大部分博若莱葡萄酒都属于未经过橡木桶封陈、单宁度低的"新酒"，制造出来后不能久放，因此非常强调"当年产酒，当年饮用"。从二十世纪七十年代起，逐渐出现一种博若莱葡萄酒庆典——每年11月第三个星期四，打开当年9月11日之后开始酿造、并在10月初制作完成的葡萄酒桶，开始畅饮。

夏季适合饮用清爽的酒

说到适合在闷热的夏天饮用的酒，人们首先想到的肯定是啤酒。在露天酒吧（beer garden）一边出汗一边咕咚咕咚地大口喝啤酒，绝对是夏天的至高享受。不过，有许多日本酒也是为夏季量身定制的。其中的代表是"夏吟"，也就是夏季的吟酿酒。

夏吟是口感较为清爽辛辣的酒，可以让日本酒爱好者在夏季也体会到爽快的感觉，有些厂家会调低一些酒精度，让人喝起来不那么容易醉。经过冷藏后冰冰凉凉的夏吟有着清凉的口感，非常适合夏天。

许多人夏季也经常喝滓络酒或浊酒，这些酒称为"薄浊酒"或"夏浊酒"。这种微发泡的酒入口的感觉十分清爽，非常适合炎热的夏天饮用。还可以在其中加入一些水果，调制成果汁潘趣酒（Fruit Punch），不失为一道清凉的甜品。

还有一些酒，加入冰块之后更好喝。试想在太阳下一边出着汗，烤着鲜美多汁的肉，一边大口喝着度数比较低且加了冰块的酒，实在是夏天的一大享受。

秋季适合饮用冷卸酒

秋季，是"冷卸酒"和"秋上酒"面世的季节。初春酿好的新酒，先经过杀菌，然后冷藏保存起来，就这样度过炎热的夏天，放置到秋季再拿出来品尝，就成了醇厚的好酒。像这样从冷藏保存中直接取出的酒，称为"冷卸酒"。

在最炎热的夏天里，将酒放在冰凉的酒窖中，经过一个季节的成熟，可以让酒的味道变得协调，富于平衡感。由于到了秋天才能出现这种味道，所以人们将这种酒称作"秋上酒"。其特点是拥有平稳而沉静的香气和醇厚的味道，是适合人们在秋季饮用的绝妙好酒。

"最佳时间"因人而异

虽然前面介绍了适合在各个季节饮用的日本酒，不过说到底，对味道的喜好还是因人而异的。喜欢清新的味道，就适合喝新酒。而喜欢较为成熟的味道，则适合喝酿造完毕一年以上，逐渐成熟的酒。举个例子，在介绍日本酒时，冷卸酒通常被称作最好喝的日本酒。不过，喜欢新酒或生酒的人，就会觉得新酒比冷卸酒好喝。反之，如果是喜欢醇厚口味的人，就会觉得冷卸酒更好喝。还有一点，日本酒搭配不同菜肴时，给人的印象也会随之改变。各人喜欢的味道有所不同，日本酒的"最佳饮用时间"自然也不尽相同。

另外，许多人喜欢喝非季节限定的酒。有些酒经过了杀菌后，窖藏一年味道也不会有什么改变。虽然窖藏更长时间之后，酒的味道会有变化，但只是放一年并没有什么影响。对于喜欢这种酒的人，一整年都是饮用日本酒的最佳时间。

归根结底，日本酒的"最佳时间"依酒而定，也因人而异。所以大家可以多多尝试，慢慢寻找自己喜欢哪个季节的酒。

第八课
总结

🍶 酿酒厂会在酒处于最好喝的状态时出厂，
使顾客品尝到最好喝的酒。

🍶 各个季节都有适合饮用的酒。

🍶 当季的日本酒配合当季的菜肴享用不仅
是"最佳时间"，也可称作一种"讲究"。

🍶 不过，说到底"最佳时间"还是依个人
口味而定。

🍶 多多品尝，找到自己的喜好。

第九课　有些酒的味道是否和标签所写的不同

　　在之前的课程里，我们学习了大多数会写在标签上的日本酒专用语。不过，标签上的信息并不只有这些，还有"甘甜"或"辛辣"之类一眼就能让人理解的词语。还有"清爽辛辣"这个词，估计也有许多人见过。但是，要区分酒的口味其实十分困难。有些酒的标签上明明写着"辛辣"，但实际尝起来却会让人产生"咦？这真的辛辣吗"的想法。到底是怎么回事呢？

　　在第九课，我们将学习日本酒味道的种类。

日本酒的味道有四种吗

　　许多日本酒的标签上写有"清爽辛辣"或"醇厚甘甜"，

乍看之下似乎能理解是什么意思，但要想象出那到底是什么味道，其实出乎意料的难。这些口味包含了"甘甜"和"辛辣"这两个方面的区别，还有"清爽"和"醇厚"这两个方面的区别。

首先从"辛辣"和"甘甜"来看，这是以日本酒中糖分的比例来区分的。糖分多的话就是甘甜的酒，而糖分含量少的酒就是辛辣的。关于这个指标，可以用第四课学习的"日本酒度"来衡量。如果日本酒度为负，就是甘甜的酒，日本酒度为正便是辛辣的酒。

清爽和醇厚，则主要由"酸度"决定。"酸度"也曾在第四课提到过，如果酒中琥珀酸或苹果酸含量较高，味道就会偏浓醇。大概以1.3~1.5左右为基准，比这个数值低的酒就是清爽的，高于这个数值的酒则是醇厚的。清爽的酒爽滑不粘口，而醇厚的酒口感较为厚实。

将这两组口味组合起来，便有"清爽辛辣""清爽甘甜""醇厚辛辣"和"醇厚甘甜"四种口味。这些词汇标注在日本酒的标签上，其显示的味道如下所示：

清爽辛辣：入口爽滑，余味干净，比较容易入口。
清爽甘甜：入口轻柔，毫无黏腻口感，口味偏甜。
醇厚辛辣：有厚实感，并且有浓厚的鲜味。
醇厚甘甜：能发挥出米的甜味，有丰富且浓厚的香甜味。

对味道的感受，因人而异

如果问是否所有的酒的味道都和标签上写的一样，答案是否定的。因为我们不能忽略的是，不同的人对味道的感受是有较大差别的。举个例子，有些咖喱原本不怎么辣，但如果是吃不了辣的人，一吃这种咖喱就会觉得"辣"。反之如果是平时习惯吃辣的人，品尝同样的咖喱就会觉得"甜"或"不辣"。所以要从根本上区分甘甜和辛辣，是非常困难的。

另外，甜味的程度，是由甜味和酸味的平衡决定的。甜味和酸味是两种比较相配的味道，所以才有"酸甜"这个词的存在。即使两瓶酒中含有等量的糖分，如果酸味比较少的话，就会让人觉得很甜，相反酸味较多的话，就感觉不到什么甜味。所以甜味会受酸味影响。

当然，其他的味道对口感也有很大的影响。日本酒除了甜味和酸味之外，还有鲜味和香味等等，许多味道的要素集合在一起，最终才形成日本酒的味道。所以日本酒的味道很难用一个词来概括。

由于没有适合所有人的味觉标准来表现日本酒的味道，所以只能以数值来判断，并标记在标签上。我们说的数值就是日本酒度和酸度，大致多少数值能体现出什么味道，大家可以参考图4。

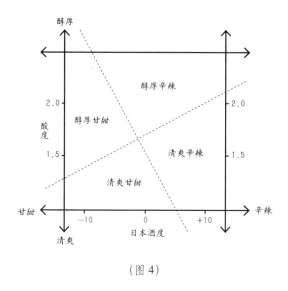

（图4）

当然，这张图也不是绝对的。即使有些酒写着清爽辛辣，但因人而异，还是会有让人觉得甘甜的情况。

困难的"辛辣"问题

至今为止的课程中，我们经常使用"辛辣"这个词来形容日本酒的味道，但实际上在日本酒中，最难理解的就是"辛辣的酒"到底是怎样的酒。以前流行喝"清爽辛辣"的酒，导致现在喜欢喝"辛辣的日本酒"的人依然很多，但要喝到一瓶真正"辛辣的酒"，还是非常困难的。

说到底"辛"这个字，从味觉上来说，指的是盐或辣椒等物质带给舌头的有刺激的味道。可是，日本酒的原料里并没有辣椒，而是用米发酵酿成的。米的味道是甜的，即使我们长时间咀嚼米饭，也不会品尝到辣味。因此，用"辛辣"这个词用来形容日本酒的味道，原本就比较奇怪。

日本酒的"辛辣"是"甘甜"的反义词，换句话说，说一瓶酒"辣"，就意味着这瓶酒"不甜"。比起用"辛辣"这个词，倒不如说英语的"Dry"更能传达一瓶酒的味道给人的印象。"Dry"就是"Dry Beer"（干啤酒）的"Dry"。干啤酒比普通啤酒的酒精度高一些，它抑制了苦味，并且余味干净。这种"Dry"的口感，可以说是"辛辣"日本酒真正味道的一部分。

另外，说一瓶日本酒不甜的时候，有可能指这瓶酒能让人充分感受到鲜味，并且味道比较醇正。比起甜味，让人更早感受到鲜味的酒是难以称为"甘甜的酒"的。所以，入口干净不黏腻的酒，还有味道较浓的酒，都可以被称作"辛辣的日本酒"。

听到这里，大家应该就可以理解，在门店指明购买"辛辣的酒"是让工作人员多么头疼的问题了。因为工作人员并不知道你是想要"入口清爽、余味干净的日本酒"，还是想要"有醇正鲜味，但并不甜的日本酒"。如果无法表达清楚自己的需求，就很难买到自己想要的酒。

所以，在专卖店购买日本酒的时候，不能只说要辛辣的酒，还要讲清楚是"清爽而辛辣的日本酒"，还是"要鲜味醇正的辛辣日本酒"。关键词在于"清爽"和"醇正"，不过说"轻"和"重"的话，工作人员也能理解。作为顾客，在用"甘甜"或"辛辣"这两个词描述味道的时候，把补充说明的词也加上去比较好。

香味能否改变日本酒的味道

实际上，比起舌头，鼻子闻到的气味对味道的判断影响更大。大家应该体会过在感冒鼻塞的时候，不管吃什么都吃不出味道的感觉吧。另外，大家也许还听说过遮住眼睛喝糖水的实验，如果让实验者边闻着苹果的香味边喝糖水，他就会觉得自己在喝苹果汁。而让他闻着橙子的香味喝糖水，他就会觉得自己喝的是橙汁。这些例子都证明，气味会对味觉产生巨大的影响，用嘴品尝出的味道，其实大部分是由鼻子感知到的气味。

如果从日本酒度的数值判断为"辛辣"，却带着香甜气味，喝起来是怎样的味道？例如多数吟酿酒在数值上都归类为"辛辣"，然而吟酿酒有一种类似香甜果香的吟酿香。这样一来，有些人就会认为这是"甘甜"的酒，因此可以说，气味对日本酒的味道影响巨大。

顺带一提，一些有浓烈香味，口感较独特的日本酒，标签上所写的口味是"芳醇"而不是"醇厚"。

具体描述味道比拘泥于标签用语更好

基本上，每瓶酒的味道，不会和标签上标注的"清爽辛辣"等词语有太大的差别。不过正如我们前面所说的，不少日本酒，标签上写的味道和人们实际尝到的味道有所不同。刚开始可以用标签上标注的味道作为参考，之后就要通过自己的感官来体会一瓶酒到底是"辛辣"还是其他味道。即使是同一瓶酒，不同人品尝到的味道也会有所不同，依赖其他人的评价是不太科学的。

在商店购买日本酒的时候，尽量将自己想喝的味道描述清楚，这样才方便店员为你推荐。比如直接说"我想要一瓶口感清爽，余味较为轻柔的酒"，即使不看标签上是否有"清爽辛辣"，店员也会根据你的描述推荐合适的酒。如果想喝比这样的酒更加清爽的酒，还可以问店员："有没有比我刚才喝的更加清爽的酒呢？"

类似的还包括"有浓厚果香"或是"有米的甜味"等等，尽量具体地描述需求，这样更容易邂逅自己喜欢的日本酒。

第九课
总 结

🧪 日本酒的味道大致分为四种。

🧪 可以参考标签上标注的味道，但由于酒的味道由所含成分决定，因此并没有绝对的指标。

🧪 购买日本酒时，避免简单地说"辛辣"之类的词。

🧪 气味会影响日本酒的味道。

🧪 购买日本酒时，尽量将自己想要的味道描述清楚。

第十课　值得推荐的低酒精度日本酒

在前面的课上，我们学习了日本酒的味道。不过，还有许多种日本酒的味道，无法归到前面所学的分类之中。

最近低酒精度的原酒很受关注。由于日本酒的酒精度比其他的酿造酒高，所以并不适合多喝。而如果加水稀释的话，酒精度确实会变低，但味道也会变淡。因此，酒精度降低却不影响原本味道的酒逐渐出现在世人面前。低酒精度的日本酒多数是微发泡类型的酒。这种酒像香槟一样有着碳酸的口感，味道偏甜且清爽，在女性和男性中都非常受欢迎。这种酒不仅在小酒馆和专门的专卖店出售，便利店和超市也有售卖。由于容易购买，喜欢这种酒的人也逐渐多了起来。

第十课我们将详细介绍这类低酒精度的日本酒。本课的关键词是"发酵的原理",也就是"酵母将糖分解为酒精和二氧化碳"。大家先记住这个概念,再详细听我解释吧。

日本酒的酒精度很高

我们此前曾提到过多次,日本酒的酒精度在酿造酒中是比较高的。啤酒的酒精度在 5 度左右,葡萄酒在 13 度左右,而日本酒可以达到 18 度左右。如果有人以喝啤酒那样的速度来喝日本酒,一定很容易喝醉。许多人因为日本酒味道好,一不小心就喝多了。

为什么日本酒的酒精度会这么高呢? 这是由于酿造日本酒的过程中使用了"复式发酵法"和"三段添加"的方法。复式发酵法指的是,在同一个容器中同时进行将淀粉分解为糖的糖化过程,和将糖分解为酒精的发酵过程。

讲到这里,我们先回想一下刚才的关键词,"酵母将糖分解为酒精和二氧化碳"。酵母如果遇到它的"主食",也就是糖的话,就会不断产生酒精。例如酿造葡萄酒时,酵母会将葡萄所含的糖分进行发酵。而葡萄中的糖含量是固定的,所以到了某种程度,发酵就会停止,因此葡萄酒的酒精度会保持在 13 度左右。酿造啤酒采用的是"单式发酵法",糖化和发酵的过程分开进行。糖化的过程中通过煮沸的方式令酶停止活动,以此来控制酒精浓度。然而,复式发酵法不能用这种方法来控制酒精浓度。因为如果在中途将酒煮沸的话，不仅促进糖化的曲霉菌会死亡，连促进发酵的酵母都会死亡。因此，随着糖化过程的持续，酒精会不断产生。另外，即使加入的米中的糖分用完了，由于使用了三段添加的方法，分三次添加进去的米，每一次都会进一步促进发酵。

因此到最后，日本酒原酒的酒精度可以达到 18 度左右，这样会因为度数太高导致喝起来有些难，所以就通过加水，使酒精度降到 15 度左右，让人比较好入口。

加水的酒味道是否会变淡

先举一个似乎和日本酒没什么关系的例子，那就是拉面。大家是否知道拉面的味道在渐渐变浓？几年前被认为是"面向老手"的味道较浓的拉面，现在已经归入"面向新手"的范畴。如果在这个基础上出现味道更有冲击力的拉面，人们就会产生越来越追求更加刺激的味道的倾向。

在日本酒界也有这种倾向，人们喜欢味道较浓，味觉冲击力大的日本酒。其中最受欢迎的类型之一是"原酒"。由于加水之后无论如何味道都会被冲淡，所以没有加水的醇厚原酒非常受欢迎。

这样一来，会有越来越多的人认为加了水的酒味道会变淡，所以原酒更好喝。但是，酒精度较高的原酒并不适宜多喝。那么，如果可以保留原酒的味道，在不加水的情况下降低酒精度，问题不就解决了吗？

低酒精度原酒逐渐面世

低酒精度的原酒就在这种形势下面世了，在不加水的情况下将酒精度降至 15 度以下，酿成酒精度 13 度左右的日本酒。这样的酒味道依然醇厚，而且酒精度较低，可以放心畅饮，可以说是日本酒中的崭新产品。

虽然简单说来只是调低酒精度而已，但实际操作非常困难。以当今的酿酒技术，将酒精度调高是很容易的，但在低酒精度状态下酿酒则是一个难题，成本也会提高很多。因此，现在各家酿酒厂还在不断摸索，无法保证每年都有稳定数量的低酒精度原酒进入市场。不过酿造成功的每一瓶低酒精度日本酒味道都非常好，对身体也比较温和。这种酒精度的酒应该比较适合日本人的体质。

另外，还有一些酒是以普通的方法酿造出的低酒精度的日本酒，但这些并非低酒精度原酒。具有代表性的是"姬善"①。复式发酵法和三段添加法能使酒精度变高，那么反其道而行之，结果会如何？酿酒师基于这种创新的想法，在第一次添加米的时候，阻止复式发酵法彻底进行，换句话说，就是将酒在接近酒母的状态下进行压榨，得到低酒

_____
① 一之藏股份有限公司的ひめぜん。

精度的酒。这种酒不像原酒那样具有正统的日本酒味道，而是含有许多曲霉菌分解出的糖，因此富有甜味，并有苹果酸和乳酸的酸味，呈现出酸酸甜甜的味道。

发泡日本酒是怎样的日本酒

低酒精度的日本酒还有一种类型，就是发泡日本酒。

啤酒之所以好喝，其中一个原因在于含有碳酸。充满气泡的舒爽感觉能使喉咙体会到一种畅快感，使啤酒显得更美味。比起去除碳酸的啤酒，肯定是富含碳酸的啤酒更加好喝。

日本酒也有内含碳酸类物质的发泡类型。在酸酸甜甜的日本酒中加入碳酸，使其充满气泡，尝起来就像饮料那样。不久前这种发泡酒的种类还比较少，但现在已经有许多公司在生产和销售了。这种微发泡的日本酒（也可以称作气泡 <sparkling> 日本酒）大致分为"活性浊酒类""瓶内二次发酵类"和"碳酸气体注入类"三种，让我们按顺序了解一下。

【需要小心轻放的活性浊酒类】

由于这种酒是在发酵期间，未经过滤便装瓶的，所以被称作活性浊酒。酒在装瓶之后还在继续发酵，但因为发酵是"酵母将糖分解为酒精和二氧化碳"的过程，所以瓶中的二氧化碳（碳酸气体）会持续产生。

为了避免不断产生的二氧化碳气体撑爆酒瓶，厂家在装瓶时会在瓶盖上开一些小洞，让这些气体能流出去。横放酒瓶会使酒从小洞中漏出，所以瓶身一般标有"严禁横放"的字样。另外，发酵会随着时间的推进而持续进行，所以酒里的甜味也会随之减少。

【与香槟相同的瓶内二次发酵类】

这种类型的酒像香槟一样，开盖后会冒出许多细小的气泡。制造原理是将酿造完毕的酒装入瓶中，同时加入新的酵母（根据不同情况，有时也会加入糖）。这些添加进去的酵母会继续将酒中的糖分解为酒精和二氧化碳。因此在开盖的时候，细小的气泡会向外不断溢出。其酿造方法与香槟相同。

这类酒也会随着时间的推移而不断发酵，一般需要冷藏保存。在低温环境下，发酵的进程较为缓慢，酒的味道也变化得比较慢。

【富有稳定感的碳酸气体注入类】

还有一种将碳酸气体注入酒中再封盖的微发泡日本酒，这种酒在装瓶前一般需要杀菌。装瓶之后再注入碳酸气体的做法，方便在微发泡至发泡的过程中控制碳酸量。

另一方面，原料采用经过杀菌的酒，因此品质也较为稳定。另外，为了让酒保持在低酒精度的状态，需要加水使酒精度下降。这和瓶内二次发酵类不同，并非一定需要冷藏保存。

这些发泡类型的日本酒中，除了活性浊酒类之外，其他多数为酒精度较低的酒。酒中所含的碳酸气体可以给人带来清爽的入喉感，加上酒精度低，喝起来没有压力，可以咕咚咕咚地大口畅饮。

如今各种类型的低酒精度日本酒不断面世，容易入口且不容易喝醉是其优点。低酒精度日本酒也有着正统的日本酒味道，无需担心酒精度降低使酒味变淡。可以肯定地说，这种类型的酒今后会成为日本酒中一个非常重要的分类，大家不妨尽早关注。

第十课
总 结

🧪 酵母将糖分解为酒精和二氧化碳。

🧪 日本酒的酒精度比其他的酿造酒高。

🧪 低酒精度日本酒的关注度越来越高，并且
有各种各样的类型。

🧪 发泡日本酒也受到了关注。

🧪 今后低酒精度日本酒一定会更加进步。

第十一课　什么是熟酒

　　我们在上一堂课了解到，低酒精度原酒将在未来的日本酒界大放光彩。那么，回望过去，哪种日本酒曾经在历史上占据一席之地呢？我觉得应该是"古酒"。

　　说起古酒，肯定会让人想起泡盛、葡萄酒或威士忌等较出名的类型，但其实日本也有古酒。新酿成的酒，和经历长年累月窖藏的酒，味道必然有区别。在第十一课，我们将学习古酒和熟酒的知识。

什么是古酒

　　古酒这个词是从什么时候开始出现的？按照规定，从制造日期来算，在本年度以前酿造完毕的日本酒就可以称为古酒。例如制造日期是平成 26（2013）BY，也就是从平成 26 年 7 月至平成 27 年 6 月为止。那么，只要是平成 26BY 酿成的日本酒，窖藏时间超过平成 27 年 7 月的话，由于跨越了本年度，就可以称为古酒。也就是说，酿造之后超过一年的酒都可以称作古酒。

我想这种说法应该源于日本酒的原料——米。当年收获的米是新米，但贮藏了一年之后，就被当成旧米了。日本酒应该是沿袭了米的新旧观念。

不过，现在作为"古酒"以及"熟古酒"出售的日本酒，并不是窖藏一年的，多数是至少窖藏了三年以上的酒。因此，所谓古酒，一般可以认为是窖藏了三年以上的日本酒。这个概念由酿造古酒的厂家组成的协会"窖藏熟酒研究会"定义，他们将经过三年以上窖藏的酒定义为"长期熟酒"。

另外，威士忌等酒也可以窖藏多年，比如十二年或二十年。但这并不代表一瓶酒是在十二年前酿成之后装瓶窖藏，而是将各个年代的酒混合，调制出"十二年的味道"。不过其中有一个规则，一瓶威士忌如果标为十二年，那么其中所含最新的酒必须是十二年前的酒。也就是说，一瓶窖藏十二年的威士忌中，含有十二年前酿成的酒，也可能包含十五年前、甚至是二十年前酿成的酒。

日本酒中，既有像威士忌那样将多种年份的酒混合而成的熟古酒，也有不经过混合，直接窖藏多年的古酒。如果一瓶日本酒在 2009 年酿成，制造日期写的也是当年的年份，那么这瓶酒中就没有混合其他年份酿成的酒。

成熟的原理

日本酒是如何成熟的？或许有人会认为酒放久了会变成醋，但其实只要保存方式正常（比如没有打开盖子），酒是不会变成醋的。

酒在不断成熟期间，其中的成分会发生变化。例如生酒在成熟过程中，由氨基酸带来的鲜味会逐渐减少，甜味和酸味会逐渐增加。而经过杀菌的酒在成熟过程中，甜味和酸味不会增加，氨基酸减少的速度却反而比生酒还快（虽说快，但也只是微量的变化而已）。因此，生酒随着时间的推移，甜味会逐渐增加，酒味也会逐渐变浓。而经过杀菌的酒鲜味减少，味道会逐渐变得清爽。

另外，通过化学反应，酒的色泽和香味也会改变。日本酒中的成分酸化或被分解，会使味道有所变化。比较容易理解的是美拉德反应（也就是非酶棕色化反应），例如酱油在揭开盖子的状态下保存，颜色就会逐渐变黑，香味也会逐渐变得强烈。在这里举个非常简单的例子，酱油用作照烧时，加热会使香气迅速挥发，色泽也会逐渐变深。日本酒也有这种反应，熟酒在时间的流逝中因糖分的变化而使色泽越来越深，香味也随之改变。低温可以抑制美拉德反应，所以同样的酒在低温环境下成熟的话，色泽变化就会比较迟缓，在常温环境下成熟，色泽就会越来越黄，时间久了还会越来越黑。

相差无几的熟酒香和老酒香

成熟的日本酒散发出的香味称为"熟酒香"，这种香味经常被描述为焦糖香、果仁香或雪莉酒的香味，是一种非常好闻的香味。但是，同时还有一种称作"老酒香"的香味，是成熟的酒散发出的另一种令人反感的香味。那么哪种香味是熟酒香，哪种香味是老酒香呢？这是个很难解释的问题，因为两者并没有明确的界限，区别只有好不好闻，仅此而已。所谓好闻的香味和令人反感的香味，其实可以说相差无几。即使是高级香水，也有一些添加了非常微量的汗臭味成分，或者氨的成分，这是比较出名的工艺。

在成熟的过程中，如果令人反感的香味占上风的话，整瓶酒就会呈现出老酒香，如果好闻的香味占上风，散发出的就是熟酒香。如此一来，买到的酒到底是呈现何种香味，只能自己判断。另外，生酒经过窖藏成为古酒之后，散发出的香味被称作"生老酒香"。

常温成熟和低温成熟

酒在成熟期间，温度至关重要。提高温度会促进美拉德反应，酒的色泽会越来越深，香味也会越来越浓。因此，假设是窖藏五年的情况，在低温环境成熟的酒，色泽不会出现什么变化（有可能显出淡淡的黄色），香味也不怎么强烈。在常温环境成熟的酒，色泽会变深，香味也会变得更强烈。

根据上述的解释，熟古酒可以分为常温成熟的"浓熟型"和低温成熟的"淡熟型"，还有介于二者之间的"中间型"，一共三种。这三种酒可以大致用颜色来辨别。如果你还不习惯喝熟酒或吃香味较浓的发酵食品，可以先尝试一下淡熟型的酒。

熟酒是既老又新的酒

熟酒的历史悠久，镰仓时代便有记载熟古酒的文献。当时的人们认为熟古酒味道好，对身体也好，甚至当成奢侈品对待。熟古酒长期受到人们喜爱，一直延续到江户时代。

不过熟酒曾在历史上消失过一段时间。其中有许多原因，最重要的一点是明治时期政府征收的"造石税"，这种税在日本酒酿成的那一刻就会被征收。虽然酿酒厂想将一瓶新酿成的酒做成熟酒，但是在酒酿造完毕的那一刻就已经上税了。之后窖藏令其成熟，经过三年之后终于可以出售，这时才能赚到钱。原本税金应该在厂家获得收入之后征收，但由于日本酒在酿成之时就被收了税，厂家要赶快把商品卖掉来换取收入，以弥补交税带来的资金缺口。因此，当时几乎没有厂家愿意制造熟酒。

在二战时和战后，由于粮食定量分配，用米受到限制，所以更没什么厂家愿意酿造费时的古酒。到了昭和29年（1954年），才终于又有条件酿造熟酒，加上政府征收的"造石税"改为在酒出厂时征收的"藏出税"，因此古酒的酿造又被提上日程。所以说，熟古酒是一种虽然历史悠久，却在历史上消失过一段时间的酒。因此，基本上不存在窖藏超过100年的古酒。现在有些人正在尝试日本酒百年窖藏计划，以研究日本酒经过岁月流逝而发生的改变，今后的熟酒还是非常令人期待的。

第十一课
总结

🧪 酿造超过一年的日本酒可以称为古酒。

🧪 市面上的古酒多数经过三年以上的窖藏。

🧪 酒在成熟过程中，口感会变得柔和，色泽会变深，香味也会变得更强烈。

🧪 熟酒香和老酒香仅有一纸之隔，一瓶酒的香味需要自己判断。

🧪 酒的成熟方式有两种：色泽和香味变化缓慢的低温成熟，还有两者变化较快的常温成熟。

第十二课　归根结底，应该如何挑选日本酒

　　在之前的课程中，我们学习了关于日本酒的大部分知识，剩下的就是如何运用的问题了。没错，接下来要让大家使用学过的知识来挑选日本酒。

　　但实际上，一般人很难一下子就顺利挑选到想要的日本酒。在我们前面学过的知识中，有三个方面的要点决定日本酒味道的差别。本课我们将从这三方面的要点入手，学习挑选日本酒的方法。

首先分清是否为"生酒"

　　最开始应该关注的是，酒的名称中是否含有"生"字，也就是说这瓶酒是不是"生酒"。我们之前学过，生酒是

没有经过加热杀菌处理的酒，这道工序对酒的味道有很大的影响。

是否为生酒的味道差别，用牛奶来比喻比较容易理解。生酒就相当于在牧场喝到的鲜榨牛奶，而杀菌过的酒就相当于经过加热杀菌后的牛奶。在牧场喝到的牛奶是非常新鲜浓厚的，而经过加热杀菌处理的牛奶虽然没有了鲜味，但是较为清淡的口感让人每天喝也不会觉得腻。

和牛奶一样，生酒有着新鲜的酸味和浓烈的香味，如果是新酒的话，还能让人感受到清新的碳酸感等。经过杀菌的酒口感变得稳定且柔和，酸味和甜味不再突出，香味也没有那么浓烈。由于这种酒不会影响食物的味道，所以多适合在用餐时饮用。

因此，追求新鲜的味道、浓烈的香味和酸甜味的人，推荐选择生酒。而喜欢稳定的香味和酸甜味的人，可以选择经过杀菌的酒。当然，我们之前也学过，日本酒的世界中有许多例外，比如存在"明明经过了杀菌却有着生酒般的新鲜感"的酒。不过说实话，这种酒是比较少见的。以是否为生酒来区分酒的类别，可以提高邂逅自己喜欢的酒的可能性。

另外，"生诘酒"和"生贮藏酒"是将生酒在不同时间段杀菌之后得到的新类型。在生诘酒和生贮藏酒中，生贮藏酒鲜味较为突出，不过新手无须关注这种细节。首先确认，如果这瓶酒名称中只含有"生"字，就是完全没有经过杀菌的酒。因为很多杀菌过的酒在标签上也不会标注"火入"(杀菌)字样，所以如果一瓶酒的标签上既没有"生"，也没有"火入"字样的话，那么这瓶酒其实还是经过杀菌的酒。顺带一提，日本酒的新鲜感突出与否，排序是：生酒＞生沽酒＞生贮藏酒＞杀菌过的酒。

如果想喝有新鲜酸味和浓烈香味的酒，推荐选择含有"生"字的酒。如果想在就餐时饮酒，选择杀菌过的酒比较好，这是挑选日本酒的小窍门。

需要确认是否为"原酒"

接下来的要点是辨别是否为"原酒"。日本酒刚酿成时的酒精度一般在 20 度左右，装瓶时会通过"加水"稀释，将酒精度调整到 15 度左右。

加了水的日本酒在酒精度变低的同时，香味和味道也会稍微变淡。毕竟加了水，无论如何味道都会被稀释一些。原酒没有经过加水稀释，因此味道并没有变淡，呈现出日本酒正统的浓厚甜味、鲜味和酸味。

这样一来，大家或许会觉得原酒好处很多，但其实并非如此。举个例子，如果一直吃味道很浓的食品，就会有烧心的感觉，同样的道理，总是喝原酒也会腻。要是想慢慢喝，多喝点的话，加水的酒反而比较合适。其实如果原酒喝着觉得腻的话，也可以自己稍微加一点水试试。这样的话，酒会变得容易入喉，咕咚一下就喝下去了（不过要把握好分量，因为加太多水的话味道会变得很淡）。

在以前，日本酒加水是一件理所当然的事情，因此，加了水的日本酒在标签上也不会标注"加水"字样。所以大家看标签的时候可以按照"写有原酒"的情况和"什么都没写"的情况来区分。

味道浓厚的"生酛""山废"

最后的一个要点是，分辨一瓶酒是否为生酛酒或山废酒。生酛酒和山废酒使用的都是自然界中的乳酸菌，酿造过程中让细菌们通过生存竞争，优胜劣汰，从而酿造出日本酒，这一点我们在第五课学过。如果将速酿酒母比作温室中无忧无虑成长的花朵，那么生酛[①] 和山废酒母便是在杂草丛生的森林中经历着生存竞争而成长的花朵。

如果像生酛和山废酒母那样通过生存竞争来酿酒的话，酵母的生命力会变强。其结果就是，酿成的日本酒会比其他日本酒味道更加浓厚，鲜味和酸味也比较重。由于鲜味很重，所以把酒加热后再喝也非常美味。另一方面，速酿的酒多数味道比较清爽，口感较为纤柔。虽然有时存在例外，但如果想喝鲜味重的日本酒，还是选择标签上写

---

①酛本身就是酒母的意思。

有"生酛"或"山废"字样的酒比较好。

以上述三点为基准来寻找日本酒

我们前面所讲的三点，就是对日本酒的味道有较大影响的三个方面。和这三点比起来，其他影响味道的要素带来的差别就比较小了。

· 是"生酒"还是"杀菌过的酒"
· 是"原酒"还是"加水"的酒
· 是"生酛""山废"的酒还是"速酿"的酒

这些要素可以像我们前面学到的酒名那样来组合，比如既是"生酒"，又是"原酒"和"生酛"的话，就是"生酛生原酒"。然后，每个轴都是前者的味道比较浓，后者的味道比较清爽，具体可参看图5。

在这些品种中，最推荐大家品尝的，就是既是"生酒"又是"原酒"的"生原酒"。这种酒既有生酒浓烈而新鲜的香味，又和原酒的浓厚感组合，是非常好喝的酒。如果加上"无过滤"的话，就是"无过滤生原酒"，味道更具有冲击力，是酒在酿成之后的纯正味道。这种酒有着轻柔的甜味和果香，由于酒精度比较高，所以适合少量品尝。以"无过滤生原酒"为基准，逐渐品尝其他酒的话，能够

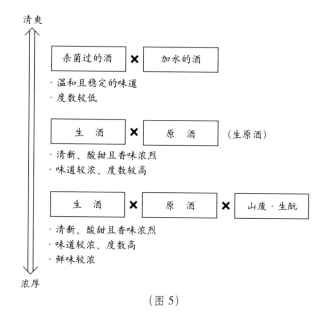

(图 5)

更加明确自己喜好的口味，从而确定自己到底喜欢更加酸甜的酒，还是度数低一点的酒，或是鲜味比较强的酒。

所以，大家可以尝试比较一下无过滤生原酒、生酛无过滤生原酒和山废无过滤生原酒的味道，这样就可以明白自己到底喜欢生酛或山废的酒，还是别的酒。接着还可以比较无过滤生原酒类和经过了过滤、杀菌、加水的酒。

这样尝试下去的话，就能明确自己喜欢的口味了。在此基础上，还可以再品尝各种特定名称酒，了解味道的差异。

希望大家慢慢品尝，把握自己喜欢的类型。

第十二课
总结

🍶 看日本酒的标签时，需要看以下三个方面，它们会决定日本酒味道的方向性。

🍶 是有丰富鲜味的"生酒"，还是味道稳定、适合用餐时饮用的"火入（杀菌）酒"。

🍶 是浓厚而酒精度高的"原酒"，还是清爽而酒精度低的"加水酒"。

🍶 是鲜味和酸味比较重的"生""山废"酒，还是纤柔的"速酿"酒。

🍶 以上述的要点为基准进行组合，寻找自己喜欢的日本酒。

特别课程③用 IT 技术拯救山田锦米和大米种植业

在第六课上我们谈到了许多关于酿酒适用米的话题，其中还提过"现在公认山田锦米酿造的日本酒最好喝"，这是为什么呢？

山田锦米的颗粒大而饱满，特点是用于酿酒时使用的"米心"部分较大。通过发酵容易酿出有着诱人香味、入喉清爽的酒。这和吟酿酒"散发纤细香味"的标准一致，曾有一段时期在鉴评会上出品的大吟酿都是以山田锦米酿造而成的。甚至曾经有人说过，只要能酿出 YK35 的大吟酿，也就是 Y(山田锦米)、K（熊本酵母、9 号酵母、协会 9 号酵母）、35（抛光留存率达到 35%），就可以在鉴评会上获得金奖。为什么是 35% 呢？原因在于山田锦米的米心部分大小刚好占整个米粒的 35% 左右。

因此，山田锦米被称作酿酒适用米之王，产量也居榜首。不过现在，有酿酒厂称山田锦米供不应求。提出这个观点的是以"獭祭"闻名的旭酿酒厂，旭酿酒厂只用山田锦米酿酒。他们现在每年需要大约 8 万俵（1 俵 =60kg）的米来酿酒，如果算上 2015 年 5 月启动的新酿酒厂，大约需要 20 万俵的米。然而，2014 年日本全国的山田锦米产量才约为 40 万俵，这样一来确实完全不够用。

据说山田锦米在酿酒适用米中属于比较难栽培的品种。因为山田锦米的颗粒比普通的米大，稻穗也比较高，有着不稳定、容易倒伏的特点。只要稻穗一倒，沾到水，稻谷就会发芽，米就不能用了。栽种山田锦米，即使对经常种植普通稻米的农户来说也是难事。

因此旭酿酒厂和富士通合作，着手实验促进山田锦米增产的栽培方法。具体的做法是将种植技术和 IT 技术融合，栽种效果的数据全部由传感器或摄像机收集起来，彻底改善栽种效率，并做成栽培指南。从前许多农户因缺乏种植技术而苦恼，现在有了可以共享的栽培指南，就可以解决这个问题了。大米一年只能收成一次[1]，如果实现了技术共享，提高种植效率，不仅能提高产量，对其他种类的大米种植也将带来一定的积极影响。

---

①日本米一般一年只收成一次。

125

第5章　多种多样的饮酒方式

今天也努力工作了一天

买了两瓶酒慰劳自己

低酒精和度原酒熟酒

……

一不小心买了1.8L瓶装的，结果冰箱里放不下了！

得喝掉才行

这种酒只有1.8L瓶装的哦

我要1.8L瓶装的

当然有好多种喝法啦

首先是这个！葡萄酒杯？

于是，一种酒能不能有几种喝法呢？

其一

使用不同的酒杯

葡萄酒杯可以让人充分感受到酒香哦

127

第十三课　怎样喝日本酒可以避免烂醉

　　确定了自己喜欢的日本酒之后，接下来就是对饮酒方式的追求了。日本酒不仅味道多种多样，还有许多种喝法。同样的酒以不同的方式饮用，味道的变化足以令人大吃一惊。

　　首先我们要学的，不是追求美味的方法，而是如何做到不勉强自己。酒虽然好喝，但也有其可怕的一面。在我们生活中最常见的就是，因为喝太多而导致身体不舒服。有人是喝多了会立刻难受，也有人经过一段时间才感到难受。如果难受的感觉延续到第二天，那就是宿醉了。另外，最近可能比较少，但也有过在短时间内喝太多导致酒精中毒死亡的例子。

可以说，因为没有学会合理饮酒，才会导致这样的后果。因此在第十三课，我们将学习如何高明地饮酒，也就是"让自己不烂醉如泥"的饮酒方式，从而享受饮酒的乐趣。

掌握自己的酒量

无论多么能喝的人，都会有极限，如果喝得超过了自己的极限，身体就会感到难受，这对任何人都是一样的。因此，明白自己到底能喝多少，掌握自己可以接受的酒量，是非常重要的。

在这里应该掌握的要点是，一次性把几种酒混着喝，就很难掌握自己的酒量。一直喝同一种酒的话，比较容易掌握自己到底能喝多少。但是如果先干了一杯啤酒，之后再喝日本酒，由于两种酒的酒精度不同，就难以掌握自己能喝多少了。

在这里，我们以 20 克纯酒精为 1 单位的酒精量，来把握各种酒的量。突然提出这个概念，估计大家比较难懂，我们再举例子详细解释一下。例如啤酒的酒精度是 5%，也就是说在 500 毫升的啤酒中，酒精量是 $500 \times 0.05=25$ 毫升。酒精比水轻，比重大约是 0.8:1，所以重量就是 $25 \times 0.8=20$。这就代表 500 毫升的啤酒中，酒精量有 20 克。

就像这样，将酒的体积乘以酒精度，再乘以比重的话，得出的就是在这些酒中含有的酒精量。以刚才得出的 20

克为 1 个单位来计算，让我们看看各种酒的情况。

酒的种类	度数	含 1 个单位酒精的量	大致容量
日本酒	15%	180 毫升	1 合 （180 毫升）
啤酒	5%	500 毫升	中瓶一瓶 （500 毫升）
烧酒①	25%	110 毫升	0.6 合 （108 毫升）
威士忌	43%	60 毫升	双份 1 杯
葡萄酒	14%	180 毫升	1/4 瓶
罐装发泡性的碳素酒	5%	520 毫升	1.5 罐

　　大家看表格就可以明白，500 毫升啤酒和 180 毫升日本酒含有的酒精量是相同的。一瓶 500 毫升的啤酒和一杯 180 毫升的日本酒酒精含量相同，请大家牢记这个概念。因此，如果干了一瓶 500 毫升的啤酒，之后再喝 180 毫升的日本酒，就相当于喝了 2 个单位的酒精量。

　　顺带一提，经常出现的计量单位"一合"表示 180 毫升，10 合为一升，也就是 1800 毫升。古人把差不多适合人食用（饮用）的容量用"合"这个单位来表示，其中蕴含的智慧令人吃惊。

　　记住了这个表格，就算把各种酒混在一起喝，也大致

———————————
①这里的烧酒指日本烧酒。

能掌握自己的酒量。许多人经常说"混着喝容易醉",其实正确的说法应该是"混着喝酒时,一来兴致就容易喝多",然后导致喝醉。以前人们常说,不同酒精度的酒混着喝(特别是酿造酒和蒸馏酒),分解酒精所需的时间较长,酒后容易难受,因此反对几种酒混着喝,但现在纯粹是以酒精的量来衡量了。

假设你今天准备喝 3 个单位的酒精量,而且已经在干完一瓶 500 毫升的啤酒后,又喝了一杯 180 毫升的日本酒。那么,如果最后你还想喝威士忌的话,由于前面已经喝了 2 个单位了,所以只能喝一杯双份的威士忌,这样加起来就是 3 个单位的量。

把握对自己合适的量

平均体重约为 60 千克左右的日本人,如果在 30 分钟内喝完 1 个单位的酒精量,分解完这些酒精大约需要 3 个小时。而喝 2 个单位的话,大约 7 个小时才能分解掉全部酒精,也就是说,一个晚上能分解的酒精量约为 2 个单位。分解完酒精的时间,就相当于酒醒的时间,大家可以估算一下,不让酒精残留到隔天早上,就算"适量"。

当然,这个数值也因人而异。之所以用体重为标准,是因为肝脏的大小和体重是成比例的。肝脏越大,分解酒精的能力就越强,所以对体重较大的人来说,大于 2 个单位也可以说是适量。相反，在体质上不胜酒力和体重较轻的人，以及女性，分解相同的酒精量需要花更长时间，少于 2 个单位的量对这些人来说才能称为"适量"。

不习惯喝酒的人，或是不知道自己能喝多少的人，先喝 2 个单位的量来测试一下吧，也就是两杯 180 毫升的日本酒。如果喝了这些，到隔天早上没有酒精残留，神清气爽的话，说明您是个能喝酒的人。如果这些量让您整个人轻飘飘的，那么您就是不太能喝的人。

以酒精的分解原理思考饮酒方式

喝了酒会导致身体产生怎样的变化呢？首先，通过食道摄取的酒精量，大约两成会被胃吸收，其余的将被小肠吸收。这段时间，如果身体中有别的食物，吸收的速度就会变慢。这就是为什么空腹喝酒时，酒在身体中流转的速度会很快。

被吸收的酒精会通过血液流遍全身，最终被送到肝脏。酒精会在肝脏中分解为乙醛，然后乙醛再被分解成乙酸（醋酸）。乙酸会通过血液流遍全身，在肌肉组织和脂肪组织中分解为水和二氧化碳，最终排出体外。另外，没有被分解的酒精大约有 2%～10% 左右会通过呼吸和汗液、尿液排出体外，这就是喝酒之后呼出的气会有臭味的原因。

问题的关键在于乙醛，这是一种毒性极强的物质，如果乙醛没有被分解而留在体内，就会让人宿醉。因此，尽量快地将乙醛分解掉，就是让自己不烂醉的秘诀。

分解酒精和乙醛都需要大量的水。因此，建议大家喝酒的同时喝一些水。人们在喝威士忌的时候会冲兑一些其他饮品来稀释，这样做是很有道理的。

在日本酒的世界中，人们把喝酒时配套饮用的水称为"醒酒水"。喝酒时喝一些醒酒水，可以降低血液中的酒精浓度，减缓喝醉的速度。另外，醒酒水还能让口腔保持清新，让味觉保持敏锐，可以充分品尝接下来喝的酒和享用的食物的美味。既然喝水有这么多好处，大家在喝酒的时候要记得积极喝水哦。

那么至少需要喝多少水才够呢？在炎热的夏天里，到露天酒吧咕咚咕咚地大口喝啤酒能感觉神清气爽。不过要是一直这样大口喝的话，也是会醉倒的，这种症状是脱水造成的。实际上，在炎热的夏天只喝啤酒的话，会使人脱水。因为人体在分解啤酒中的酒精时是需要水分的，而酒精有利尿的作用，并会通过汗液和呼吸排出，因此水分流失的速度会比摄入（啤酒中所含的水分）的速度快，从而引起脱水症状。要分解一瓶500毫升的啤酒中所含的酒精，至少需要100毫升以上的水，所以有条件的话最好多喝点水，至少喝上一杯（120毫升）。喝日本酒的话，就必须喝比酒量多一倍的水，希望大家记住。

许多人的宿醉，其实原因就是脱水。脱水会让人喝酒之后没过几个小时就觉得难受，特别是在还没到第二天的时候就觉得头痛。所以大家在喝酒的时候，记得多喝点水。

酒的种类	含 1 个单位酒精的量	酒精量	需要补充的大概水量
日本酒	180 毫升	27 毫升	447 毫升
啤酒	500 毫升	25 毫升	125 毫升
烧酒	110 毫升	27.5 毫升	517.5 毫升
威士忌	60 毫升	25.8 毫升	565.8 毫升
葡萄酒	180 毫升	25.2 毫升	445.2 毫升
罐装发泡性的碳素酒	520 毫升	26 毫升	106 毫升

什么方法可以防止烂醉

除了喝许多水之外，还有一些其他的方法可以防止烂醉。首先重要的一点是，喝酒的时候要搭配一些食物，这样可以让身体吸收酒精的速度变慢。另外，就像饭和菜一起吃那样，食物和酒一起食用的话，可以使彼此的味道凸显出来，让人品尝到更高层次的美味。

另外，用小酒杯喝酒也是重点之一。小酒杯只能装少量的酒，一口气喝完一杯，身体也没什么大碍。这样喝能避免身体在短时间内摄取大量酒精，从而减少肝脏的负担，让肝脏有时间分解酒精。

将酒加热之后再喝，也是比较有效的方法。当酒精的温度和体温差不多持平时，身体吸收酒精的效率是最高的。可以说，身体是慢慢将酒精的温度提升到和体温持平之后，再一口气吸收掉这些酒精的。所以，喝冰凉的酒时，身体对酒精的吸收缓慢，大脑就会以为自己还没醉。有了这样的错觉之后继续喝酒，就容易跨越自己的极限。当身体一口气开始吸收酒精，让人察觉到的时候，酒精摄取量已经超过身体可以承受的极限，快要进入烂醉状态了。

比起将冷酒变热，让温酒变冷对身体更简单。因此，喝温酒才能让身体吸收酒精的效率更佳，这样一来，能让人更快察觉到酒劲上头，从而判断"不能再喝了"，这样就能达到适可而止的效果。

姜黄和肝脏水解物能否解酒

在市场上，有助解酒的姜黄制品非常畅销，平时我们也经常听到喝了姜黄饮品可以避免烂醉的说法，姜黄是否真的有效呢？

姜黄，英语是 turmeric，是从古时起就作为中药材被人们使用至今的植物。主要的功效是调节胃的状态（健胃药），还有促进胆汁生成、帮助肝脏运作的效果。因此，姜黄确实有助于解酒。不过，过于信任某种东西是大忌。

毕竟姜黄只是稍微有辅助的效果而已，并不是一食用就可以让人千杯不醉的魔法道具。

那么，到底在什么时间喝姜黄饮品比较好呢？无论什么药，都不会一吃就见效，而是需要一段时间来发挥效用。因此，在喝酒之前，喝点姜黄饮品调整身体便可。比如今晚有聚会，差不多在午后就可以喝姜黄饮品了。

另外，为了防止烂醉，人们经常使用类似"HEPALYSE""LIVERURSO"等"肝脏水解物"产品。这是用牛或猪的肝脏经过添加酶后加水分解，之后再凝固的片剂。之所以有解酒的效果，实际上是中医的主张。应该有许多人听说过中医的"医食同源"这个词吧。这是基于食疗的思想。中医主张平时保持良好的饮食习惯，可以使身体免于一些疾病的入侵。从医食同源这个方向引申，还有"同种同食"的思想。这种思维方式认为，如果身体有哪里不适的话，吃动物身上相同的部位就可以调整。也就是说，如果胃不舒服，就吃动物的胃部，肝脏不舒服就吃动物肝脏来补。因为大多数情况下，推动人体某个器官所需要的营养素和动物器官所含的差不多一致，这种思维方式还是比较有道理的。

因此，要让肝脏的活性加强，用同样以肝脏成分构成的营养品效果是最好的。不过，毕竟不能直接吃动物肝脏来解决。因此摄入以动物肝脏为基础合成的片剂或药液，也就是肝脏水解物是不错的选择。这种营养品的食用时机并不是在喝酒前，而是在一天内的早晚，或者早中晚。用法用量参照说明书即可。

另外，据说蚬贝也有防止宿醉的功效。当然蚬贝也是通过帮助肝脏解酒的，由于其中含有优质的蛋白质等成分，还能在喝酒之后保护肝脏，所以在喝酒之后食用比较好。

第十三课
总结

🔬 把握自己的酒量非常重要。

🔬 以酒精总量为单位来把握自己的酒量。

🔬 喝酒的时候记得喝水。

🔬 宿醉的原因一般是脱水。

🔬 可以通过调节喝酒的方式，防止自己烂醉。

第十四课　酒杯是否影响酒的味道

　　日本酒的喝法之所以看似讲究,是因为所用的器皿(酒杯)。同样的酒,用不同的酒杯品尝,味道也会随之而变。这是为什么呢?

　　最近除了用小酒杯盛日本酒,许多酒馆还推出了用葡萄酒杯盛酒的方式。在第十四课,我们将学习酒杯与日本酒的关系。

重要的是口感和香味

　　虽然"味道"只是一个简单的词,但它的真正意义是十分复杂的。有时看起来只是单纯指食物本身的味道,有时也指舌头感知到的味觉,不过这两者都不全面。食物或酒的味道，应该是通过五感来品尝的。

以看起来和味觉无关的听觉来举例，如果眼前有一盘发出滋滋声的烤肉，肯定会让人食指大动；实际品尝的时候，听觉也会给味觉传输美味的信号。触觉也包括"口感"，吃进口中的东西到底是怎样的感觉，也是味道的一个方面。有的食物咬起来是咔嚓咔嚓的感觉，有的食物则是软糯的口感，这些都是让人忍不住想继续嚼的感觉，所以口感也是味道的重要一环。另外，口感以外的触感也很重要。比起用筷子吃饭团，用手拿起来吃会让人觉得更美味。这说明，手的触感可以成为味觉的一部分。

上面提到的各种感觉都不可或缺，不过对味道影响较大的还是味觉、视觉和嗅觉。如果味道本身不好的话，其他要素不管再怎么刺激也没有意义，看起来不好吃的东西，实际品尝起来也不会让人觉得好吃。而香味有多重要，不用说大家也都能体会。

所谓酒杯不同，也就表示除了味觉之外，其他因素也对味道有很大影响。用好看的酒杯饮酒，不仅能饱眼福，还能使口感变得更好，香味变得更浓。有些酒杯甚至能让人听到碳酸发泡的声音。

在选择酒杯上，应该重视口感和香味。由于酒杯是直接和嘴接触的，所以选择嘴唇触感良好的酒杯是很重要的。另外，酒杯如何将酒香展现出来，也会影响酒的味道。

酒杯的形状不同是否会影响酒的味道

同样是小酒杯，有的是杯缘向上延伸、较为细长的圆柱体，有的则是杯缘向外延伸，较浅较宽的小碟状。人们认为这些细小的差异就能影响酒的味道。酒在入口之后，最先接触到的是舌头，而舌头不同部位对味道的感知不同。用圆柱形的杯子饮酒，最先接触到酒的是舌头中间的部分，而用小碟状的杯子喝酒时，最先接触到酒的是舌尖。以前存在一种说法，人们认为对甜味最敏感的部位是舌尖，所以偏甜的酒用小碟状的杯子来喝比较合适。而现在的主流看法是，舌头的任何部位对味道的感知都是一样的，因此否定了以前的说法。

不过如果因此就说酒杯和味道无关，也是片面的。我们应该重视嘴唇碰到酒杯时的触感，比如小碟状的酒杯接触到嘴唇的面积较小，因此可以减少其他触感的干扰，集中品尝酒的味道。另外，用这种杯子盛酒，可以使酒与空气接触的面积更大，让人更强烈地感受到酒香。这样一来，偏甜的酒用小碟状的杯子来喝，就会让人觉得更甜。

更能让人体会到差异的是，用葡萄酒杯喝日本酒。葡萄酒杯的杯体下部较宽、上部较窄的设计能锁住酒香。这样一来，喝酒的时候就能伴随着浓厚的香味，与用小酒杯喝酒的味道差别非常大。因此，用葡萄酒杯喝日本酒，可以感觉到更加浓厚的味道。

当然不只是酒杯的形状，酒杯的材质也会影响酒的味道。酒杯的材质是玻璃还是陶，都会对酒的味道产生影响。材质主要影响人的触感和对温度的感觉。玻璃制品，特别是极薄的玻璃杯会呈现冰冷的触感，配上冰过的日本酒，能让人感受到神清气爽的冰凉感觉。而摸起来不那么凉的陶器，则适合搭配温酒。大家喝酒的时候，可以根据酒温，选择不同材质的酒杯。

偏向香味还是偏向入喉感

正如我们在第九课学过的，香味会对酒的味道产生巨大影响。这种影响大到在某些情况下，香味甚至可以代表一种酒的味道。

以前人们在喝日本酒或烧酒的时候，一直不重视酒杯对酒香的影响。当然现在多少有些变化，但和其他国家比起来，选择还是不够丰富。例如外国人在喝葡萄酒的时候，有时会使用类似一口杯、却很有厚重感的勃艮第式葡萄酒杯，还有与之相比较为轻巧的波尔多式酒杯。喝香槟用的酒杯更是有笛型酒杯和浅碟型酒杯等不同类型。外国人讲究按照酒的种类搭配不同种类的酒杯，这些酒杯的作用主要是体现某一种酒的香气。啤酒也不例外，特别是比利时啤酒，这种酒甚至有自己的专属酒杯。

日本与其他国家的这种区别是从何而来的呢？或许是

因为日本人从古至今，比起香味，更注重"入喉的感觉"。日语中有许多关于"喉咙"的成语或俗语，比如垂涎三尺（喉から手が出る）、好了伤疤忘了痛（喉元過ぎれば熱さを忘れる）等。日本人享受食物通过喉咙的感觉，甚至有一种说法是吃荞麦面的时候不嚼，直接吞下去比较好吃。还有许多人在吃本应该咀嚼的意大利面时，刚开始那几口也像吃荞麦面那样不嚼直接吞进去。日本还出产类似干啤酒（Dry Beer）、入喉感爽滑舒畅的啤酒。在日本人的饮食文化中，提倡以喉咙来品味食物，所以非常重视"入喉感"。与之相反，关于香味的惯用句就没有那么多。

而在葡萄酒或啤酒的文化圈中，人们非常重视香味。据说原因在于，随着罗马帝国的瓦解，人们也渐渐荒废了入浴的习惯，为了遮掩体臭而开始积极研制香水。在追求各种香味的香水时，他们也逐渐发现并重视起喝酒时闻到的香味，因此在酒杯的研制上也花了许多工夫。

尝试用葡萄酒杯喝日本酒吧

最近酒香也开始在日本受到重视，用葡萄酒杯喝日本酒的做法已经开始广泛流行，用葡萄酒杯装日本酒的酒馆也增加了许多。还出现了"葡萄酒杯契合度大奖"，每年评选出最适合搭配葡萄酒杯的日本酒。

富有强烈果香的生酒或吟酿酒适合用葡萄酒杯饮用，

葡萄酒杯中的空间能积累酒香，人们在喝酒的时候同时吸进浓浓的香味，使酒呈现出既强烈又有深度的味道。大家在喝香味较浓的日本酒时，请用葡萄酒杯来体会并记住那香气四溢的感觉吧。

比较有趣的一点是，桶装酒的味道也会因葡萄酒杯而改变。贮藏在木桶中的桶装酒有着木头的香味，而使用葡萄酒杯可以让这种香味更加突出，使酒呈现出更好的味道。

不过，葡萄酒杯也并非完美无瑕。有时，葡萄酒杯会因为香味过于浓重而让人感觉不适，就像吃太多味道浓重的食物会引起烧心的感觉一样。另外，温酒并不适合用葡萄酒杯来喝（如果酒杯材质不耐热，太高的酒温会导致酒杯开裂）。遇到这种情况的话，大家就用普通的小酒杯来享用吧。

🧪 日本酒的味道会因酒杯而改变。

🧪 以不同方式凸显酒香的酒杯，也会改变酒的味道。

🧪 比起香味，日本人更重视入喉感。

🧪 其他国家对体现酒香的酒杯的研究更加深入。

🧪 为了享受酒香，使用葡萄酒杯喝日本酒的例子近来也增加了不少。

第十五课　温度与日本酒的绝妙关系

　　世界上几乎没有任何一种酒能和日本酒一样，可以在各种温度下享用。热葡萄酒和热啤酒是加入香料和蜂蜜等调成的鸡尾酒，烧酒则是通过兑开水来改变酒温，但日本酒只需直接调整温度，便能让人品尝到不一样的味道，这也是日本酒文化的特色之一。

　　在第十五课，我们将学习不同温度对味道产生的影响及其原理，以及日本酒温度的跨度。

改变温度对酒产生的影响

　　人的味觉会因温度的变化而改变，这是我们首先要关注的一点。举个例子，有甜味的食物，温度和人的体温越接近，就越能让人感受到强烈的甜味。大家是否发现，不冷不热的饮料比冰饮料更甜？虽然饮料中的糖分并没有增加或减少，但我们却能明显感觉到甜的程度不同。

苦味则会随着温度的升高而逐渐变得缓和，这一点或许大家会觉得意外，但温度越低，品尝到的苦味就会越强烈。热咖啡变凉之后苦味会变重，原因就在于此。与此类似，咸味也是温度低时比较强烈，所以冷的味噌汤会让人觉得很咸。当然，日本酒中并没有盐分，所以酒的味道和咸味无关，我们就不多提了。

酸味本身并不怎么受温度影响，不过温度低的话，品尝到酸味会让人有一种清爽的感觉。而且，在日本酒的酸味成分中包含的乳酸和琥珀酸等，在温度升高后会变成鲜味，氨基酸在酒温上升后也能增加鲜味。因此，酒温升高并不会改变人们品尝到的酸味，却能增加酒的鲜味。也就是说，人在喝冷酒时能感觉到酒酸，而在喝温酒时就能感觉到酸性物质所带来的鲜味。

总结以上几点可以得出下面这个图表（图6），这就是各种味道在温度不同时，人的味觉感知的变化。

温度上升会对香味产生巨大影响。温度越低，香味成分和碳酸(二氧化碳气体)越容易在液体中溶解。反过来说，在低温下溶于液体中的碳酸，随着温度的上升，会从液体中逐渐脱离，并散发到外面的空气里，因此加热可乐会使

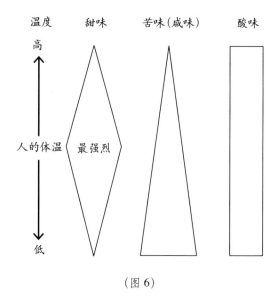

温度 甜味 苦味(咸味) 酸味
高

人的体温 最强烈

低

（图6）

其中的碳酸逐渐流失。日本酒的香味成分和碳酸也会因为
温度升高而挥发，因此温酒能使人闻到更加强烈的香味。

那么如果加热日本酒，会发生怎样的变化？首先，酒
香会弥漫出来。其次，品酒人的舌头能感受到强烈的甜味、
更少的苦味，还能感受到更多鲜味。由于酸性物质能散发
出鲜味，因此酸度较高的醇厚型日本酒在加热之后鲜味会
增加，变得更好喝。

另一方面，香味纤柔的吟酿型酒被加热的话，会使原

本少量的香味散发出去而失去酒香，或产生一种"酒的臭味"，对鼻子造成强烈刺激，这也是温酒的缺点之一。

太冷的日本酒则会让人觉得很苦，基本感受不到甜味和香味。有人曾评价"酒太冰导致味道都死了"，说明这时的味道已经变得不像酒了。遇到这种情况的话，稍微花点时间让酒的温度回升，就可以增加甜味，减少苦味，并散发出香味。

另外还有一种喝法，先将酒加热再冷却，这样可以让浓烈的香气稍微缓和下来。通过加热让香气散发片刻之后，再进行冷却，以此控制香气的弥散。

以不同的温度品尝日本酒

不知古人是否明白温度如何改变酒的味道，但从古时候起，人们便通过各种不同的温度享用日本酒了。因此，酒温每隔5℃，就有一个专属名称。（图7）

这些名称充满浪漫情怀，例如冰如雪的5℃称为"雪冷"，与人类体温相近的35℃称为"人肌烫"，一看就明白。

其中，所谓的"冷"指的是15℃的"凉冷"到30℃的"日向烫"之间的温度带，也就是平时所说的"常温"。所以"请给我来一瓶冰凉的'冷'酒[①]"，是错误的说法。

---

① 此处的"冷"酒指的是日本酒温度分类中的"冷や"，而"冷酒"指的是温度分类中的"冷酒"，请参看图7。

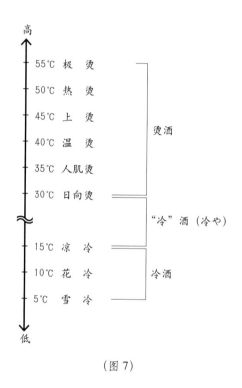

（图 7）

　　那么想喝冰凉的酒时，要怎么和服务员说呢？当然可以指定"雪冷"或"花冷"，但有一个名称可以用来指定5℃到15℃的酒，那就是"冷酒"。在酒馆点"冷酒"的话，一般就能喝到冰凉感觉的酒了。

　　另外，30℃以上的酒全都可以称为"烫酒"，虽然我们经常听到"热烫"这个词，但如果在点单时和服务员这么说，就表示你指定要 50℃ 左右的酒。

适合加热的类型

一般来说，比起冷酒，温酒的甜味和鲜味更浓，苦味更少，香气也会散发出来。其中最重要的是鲜味更浓这一点。含有许多酸类物质的醇厚型酒适合加热，生酛和山废酿造法容易酿成酸度高、富含氨基酸的酒，这些酒也适合加热。

果香浓烈、清爽型的日本酒就不适合加热吗？也不尽然。确实加热容易让香味纤柔的酒的香味消失，但如果味道和香味稳定，而且果香浓烈的话，加热后也会变得好喝。重点在于无论什么样的酒，通过加热都能改变其中的甜味、苦味与鲜味的比例，大家可以多多品尝，找到自己喜欢的温度。如果喜欢上温酒，会使品酒的过程更加有趣哦。

有些酒，人们一般认为是不适合加热的，但殊不知，这些酒加热起来也非常美味。在过去的某段时期，人们喜欢喝加热过的浊酒。浊酒刚酿成便被出售，多数还很新鲜、充满发泡感。为了在保存期间保持品质稳定，大多数浊酒需要冷藏，因此许多人直接喝冰的浊酒。但也有人特地拿去加热，还加热到很高的温度（热烫以上）。这样可以让人喝酒时像在吃米一样，感受到浓浓的甜味。

在家喝的话，不管喝什么，加不加热都是个人自由。就算是需要冷藏保存的酒，或是公认冰过才好喝的酒，挑战一下加热后的味道都不失为一种乐趣。即使是平常喝惯的酒，通过加热，也能让你感受到不同口味。

在家喝温酒时，首先推荐隔水加热的方式，这样可以让酒均匀地升温。先在锅里放一些水，再将酒壶放进去，无需仔细测量温度。酒在加热时会稍微膨胀，如果觉得加热后的酒比倒进去的酒还多，就可以取出来喝了。利用酒瓶较细的部分来比较酒量是否增加，是一个小窍门。另外，考虑到酒加热后会膨胀，即使想多喝点温酒，也不用将酒壶倒满。在刚开始喝时先忽略细微的温度差别，将酒从热水中取出之后，喝着慢慢变凉的酒，体会不同温度带来的不同口感，也是品酒的乐趣之一。

如果觉得每次都要在锅里加热很麻烦的话，可以将酒倒进马克杯里，放入微波炉加热。稍微加热一会儿，拿出来摇一摇，让整杯酒的温度变得均匀，然后再放入微波炉加热一会儿，如此重复几遍，也能加热成好喝的烫酒。

依照个人自由享用日本酒

日本酒没有规定必须怎么喝，正因如此，将人们认为不适合加热的生酒或吟酿酒烫过再喝也没问题，甚至调成鸡尾酒都没关系。有一种出名的喝法，是在日本酒中加入鲜榨青柠汁，再调成名为"侍"（サムライ）的鸡尾酒。也可以将青柠换成柠檬，榨点柠檬汁加进日本酒里，不仅可以除酒臭味，还能让酒变得清爽，充满香味，更容易入口。

最近，冷藏后很爽口，并带有强烈香味的"冰酒"（冷酒）越来越受欢迎。确实冰凉的饮品让人心情舒爽，不过正如我们前面提到的，温度太低会使酒的味道变差。

日本酒是非常有深度的饮品，因此在饮用温度上并没有严格限制，以怎样的温度来喝都是可以的。在日本酒中加冰块也是一种很有趣的喝法。虽然冰块会随着时间的流逝而融化，冲淡酒的味道，但慢慢享受这个过程也不失为一种乐趣。

甚至在炎热的夏天里，还可以用苏打水兑日本酒，这种喝法也十分美味。不但能把酒精度降下来，加进碳酸的发泡感之后，还能让酒变得更容易入口。

另外，有位酿酒师教了我一种喝法：将等量的浊酒和新酒兑在一起。这就像把一半啤酒和一半黑啤混在一起似的，可以结合两种酒的优点，变得非常美味。还有之前我们在特别讲座①中提到的添加糖类的普通酒，这种酒如果加入牛奶，会变得很好喝。当然其他日本酒也可以加牛奶，如果你是不胜酒力的人，可以尝试一下这种喝法。

综上所述，日本酒可以用多种多样的喝法来体会不同口味带来的乐趣。如果想到什么让日本酒更好喝的方法，可以积极尝试，一定会让你有所发现。

第十五课
总结

 根据温度的不同，人感觉到的味道也会发生变化。

 温度变化能使酒的味道发生变化，香味也会改变。

 日本人从古代开始便重视酒的温度，以 5℃为间隔，分别有各自的专属名称。

 多数日本酒能以多种多样的温度饮用。

 积极尝试改变日本酒的温度，享受其中的乐趣！

第十六课　日本酒如何搭配食物

　　日本酒虽然直接喝也很美味，但同菜肴搭配起来享用的话，能品尝出更好的味道，也就是所谓的"佐餐酒"。为什么酒在用餐时喝会更美味呢？就像我们吃饭的时候会有配菜一样，在喝用米酿成的日本酒时，配一些下酒菜也很正常，虽然仔细想想还是有点不可思议。

　　原因在于，日本酒是一种有"鲜味"的酒，鲜味和其他有鲜味的食物搭配在一起，其相乘的效果能让人感受到增强了好几倍的鲜味。因此，日本酒通过与菜肴的鲜味互相配合，能使彼此变得更加美味。

　　在第十六课，我们将详细讲解各种日本酒适合搭配的菜肴。

食品和酒有三种搭配方式

简单地说，日本酒可以和各种食品搭配，但如何搭配也是一门学问。以其他酒举例的话，充满油脂的炸鸡适合搭配冰凉的啤酒，巧克力和威士忌也是出名的好搭档。这两个例子都说明"食物和酒可以搭配得很好"，不过从协调感来看，会让人觉得这是两种不同的搭配方式，事实也确实如此。

食品和日本酒的搭配方式大致分为三种类型，分别是让口中的味道变得清新的类型、平衡酒和食品味道的类型、互相提升美味的类型。

让口中的味道变得清新

吃含有浓厚油脂的食物，会让人觉得口中一直残留着油腻的味道，这时喝一些冰过的清爽日本酒，就能冲刷掉油脂，让口中的味道变得清新，不会影响继续品尝食物和酒的味道。

这和前文举的例子一样。边吃富含油脂的食物，边大口喝啤酒，可以让口中的感觉焕然一新，继续享受好吃的食物。能将油脂冲刷干净的搭配使口中味道变得清新，这种类型称为冲刷型（Wash Type），可以说是非常成功的搭配。

特别是，如果能在将口中的油脂冲刷干净的同时，还能让日本酒的鲜味散发开来，这种组合就更绝妙了。和用水漱口不同，酒的余味能激发食物的味道。这样的组合，会让人喝到停不下来。比如红烧猪肉和口味清爽的日本酒搭配，可以说是登峰造极的美味。

平衡酒和食物的味道

这是一种最不容易失误的搭配，要点在于将食物和日本酒的味道调节至同一个高度，使两者保持平衡。这种类型的搭配好处在于，能百分百地享用到食物和酒的味道。刚才提到的威士忌和巧克力就属于这种搭配。

想要品尝这种类型的搭配，该怎么做呢？首先注意：甜食要搭配甘甜口味的酒，咸的食物则要搭配辛辣口味的酒，味道的方向要保持一致。在吃味道浓厚的食物时，搭配醇厚的酒，吃味道清淡的食物时，搭配清爽类型的酒，例如盐烧的天妇罗就适合搭配清爽辛辣的日本酒。与之相反，味道浓烈的食物，如果搭配清爽口味的日本酒，酒的味道就会被食物的味道掩盖，而味道清淡的料理搭配醇厚类型的日本酒，食物的味道或许就被掩盖了。

在配合味道的方向这个问题上，需要从味道的强度（浓度）出发。如果弄错味道的强度，酒或食物的优点就会被对方掩盖，这点需要注意。例如在吃了甜点之后，接着吃甜的水果，口感就不会那么甜，反而会凸显水果的酸味。大家犯过这种错误吗？和这个例子一样，酒和食物的搭配也要注意。

互相提升美味的搭配

葡萄酒用语中有个词叫"mariage"，指的是食物和饮品的完美结合，特别是酒与食物的结合。虽然味道的方向不同，但一起品尝时却能尝出新的味道，能互相融合，并提升彼此的味道。这就是结合型（Mariage Type）。Mariage在法语中是"结婚"的意思，用在这里，感觉就像食物与酒幸福地结婚了一样。

食物的味道与日本酒的味道相互调和，组合之后产生新的味道。虽然从字面上看很简单，但实际操作起来，说不定是有点难度的。

最简单的是将鱼和日本酒组合。特别是生鱼片这种无论怎么吃都会带有腥味的食物，日本酒的酸味恰好可以掩盖这种腥味。另一方面，使鱼产生鲜味的肌苷酸，与日本酒中的琥珀酸组合之后，会使鲜味大幅度增加。还有一种最简单易懂的组合，是醋拌凉菜搭配甘甜口味的日本酒。将两者放在一起品尝，会产生"酸甜"这种新的味道。日本酒可以缓和醋拌凉菜那呛人的酸味，还能抑制凉菜的生涩味道，使其变得美味。类似这样的组合能使食物和酒互相掩盖彼此的缺点，并激发出彼此的优点。

实际尝试的做法

在了解各种搭配类型之后，想实际尝试的话，该从哪里入手呢？我想，先以烤鸡肉串为基准来尝试吧。

烤鸡肉串的酱汁是又甜又咸的味道，浓厚又充满油腻。因此和清爽辛辣日本酒搭配，就可以尝试到冲刷型（Wash Type）组合的味道了。另外，和甘甜口味的日本酒搭配的话，还可以品尝到平衡型（Balance Type）的味道。

如果是没有酱汁，而是加盐烤的鸡肉串，可以稍微挤一点柠檬汁，加进酸味之后和甘甜口味的日本酒组合，就品尝到结合型（Mariage Type）的味道。不过，结合型的味道对两者的平衡要求十分细致，有时也会搭配失败。总之建议大家多多尝试。

日本酒的胸怀十分宽广

日本酒的味道范围很大，有着各种各样的类型。因此，如果说几乎所有的料理都有可以与之搭配的日本酒，也不过分。例如看起来只能和威士忌搭配的巧克力，其实和贵酿酒组合，也非常美味。作为水的替代物，贵酿酒在酿造过程中添加的是日本酒，因此带有浓厚的甜味，推荐各位在吃了微苦巧克力（bitter chocolate）后，在口中还留有余味时喝一些贵酿酒。如果吃的是奶味较浓的甜巧克力，推荐当巧克力还留在口中时喝贵酿酒。如果是富有香味的坚果夹心巧克力，和成熟一些的贵酿酒组合，味道会更好。

有着强烈香味和辣味，并且刺激舌头的咖喱原本是很难和酒搭配的，但有一些日本酒能与之组合。例如味道温和的西洋风牛肉咖喱，适合搭配以生酛酿造、有稳定鲜味、加水之后味道柔和的烫酒。就是说味道柔和的咖喱配上同样味道柔和，而且有强烈鲜味的日本酒比较好。辣味的咖喱，则要搭配在味道上毫不逊色、有浓厚酸味和鲜味的酒。同样是生酛酿造的原酒，味道醇正的话，不仅能和咖喱的味道比肩，还能将酒的鲜味和浓厚的口感，与咖喱组合成另一种美味。如果是有强烈酸味的咖喱，比起鲜味强烈的酒，更适合搭配浊酒。因为日本酒的鲜味和咖喱的酸味是互不相容的，辛辣浊酒才能和这种咖喱搭配成结合型。

当然并不能说，所有的食物都有能与之搭配成结合型味道的日本酒，但是可以肯定地说，每一种食物都能与日本酒组成三种类型的其中之一。大家可以积极尝试各种组合，从而找到自己喜欢的味道。

第十六课
总结

🧪 食物和酒互相搭配的类型有三种。

🧪 一种是可以让口中味道变得清新的冲刷型
（Wash Type）。

🧪 一种是让彼此味道增幅的平衡型
（Balance Type）。

🧪 一种是能组合出新味道的结合型
（Mariage Type）。

🧪 任何一种食物都有与之相配的日本酒。

特别课程④ 持续一整年的"四季酿造"

在第八课时我们讲过，各个季节都有符合当季特征的日本酒。其中有在冬季酿造，但窖藏到夏季的"夏季酒"，但也有酿造时把握时间，让酒在夏季酿成的情况。可是，日本酒不都是在冬天酿造的吗？关于这点，让我来稍微解释一下。

多数日本酒确实是在冬天酿造的，为什么是冬天呢？一方面是因为，米成熟的季节是秋天，所以冬天酿酒时间刚好，不过最重要的原因在于温度。在炎热的地方降温较难，但在寒冷的地方升温相对容易。另外，杂菌容易在温暖的地方繁殖，气温低时也比较容易抑制。还有一点，发酵时原材料容易发热，在温度较低的环境下比较容易控制温度。加上以前的酿酒师多为农民，冬季是农闲期，所以劳动力比较充足。

那么，是不是只要能控制温度，就能随时酿酒呢？确实可以，只要用空调让室内整年的温度保持稳定，无论哪个季节都能酿出美味的酒，这就是"四季酿造"。

本来四季酿造的意思，是指配合各个季节的气候特点，改变酿造方法，在特定的季节以特定的方法酿酒。夏季有适合夏季酿酒的方法，有些酿酒厂便是遵守这种规则在夏季酿酒。不过现在所说的"四季酿造"，主要指使用空调将全年的环境保持在冬季的温度，整年都进行酿酒作业。

当然这样一来，厂家就需要大规模的设备，因此一般大企业才会采用这种方式。顾客整年都能买到新鲜的日本酒，也是拜"四季酿造"所赐。出品"獭祭"的旭酿酒厂，就采用四季酿造。四季酿造出的酒，一整年都是同样的品质，或许很难让人体会到"季节性"的感觉。

第6章 如何邂逅新的日本酒

经历了许多失败

也积累了许多知识

好想邂逅新的日本酒呀

未知的美味日本酒

我要品尝新的日本酒！

如果想尝试新的日本酒的话

可以去对日本酒比较有讲究的酒馆

还可以尝试参加日本酒的相关活动

164

第十七课　选择对日本酒有讲究的酒馆

　　在前面的课程里，我们学习了日本酒的挑选方法和品尝方法。接下来希望大家掌握的是"邂逅日本酒的方法"。如何邂逅素未谋面的美味日本酒呢？让我们往下看。

　　首先，选择对日本酒有讲究的酒馆。如果说酿酒厂是酿造日本酒的专家，专卖店是贩卖日本酒的专家，那么酒馆就是能让顾客尝到好喝的日本酒的地方。在酒馆喝到经过工作人员精心保存、保持在最好状态的日本酒，再配上与之相配的美味下酒菜，比在家自己喝酒更加美味。你会发现许多令人惊讶的事实，比如某种酒和某种料理搭配起来味道非常好，或是某种酒在加热到某种温度的时候非常好喝，等等。

在第十七课，我们将介绍，如何寻找对日本酒有讲究的酒馆，以及在那里喝酒时的各种小窍门。

先确认酒的种类有多少

首先到酒馆的官网查一查，从上面提供的信息来捕捉我们需要找的重点。最重要的是，这家酒馆的酒是否有很多种。

在新手阶段，重要的是通过尝试各种各样的日本酒来找到自己的喜好。这对今后的品酒生活很有帮助。更重要的是，在了解越来越多的酒的过程中体会到乐趣。所以先确认这家酒馆的酒到底有多少种吧。

需要注意的是，这里所指的"许多种"，并不单指日本酒的品牌。

即使某些小酒馆只向两三家酿酒厂进货，但同一家酿酒厂有各种"火入酒"和"生酒"，还有用不同的米酿造出的酒等等，还有贮藏年份不同的酒，这才是我说的"许多种"的含义。这种酒馆，能帮你更加深入地了解日本酒。

另外，有些酒馆的酒流通速度非常快，有些酒来不及写到菜单上，就已经卖完了，所以也来不及在官网更新。这种店一般会给客人推荐今天到货的好酒。即使在官网的菜单上没看到多少酒，如果有标注"本店的酒多种多样，

请向店员咨询"，这家酒馆的日本酒种类也很有可能非常
丰富。

可以点比1合（180毫升）更少的酒

虽然在这一点上人们的看法各不相同，不过我觉得是
非常重要的。1合，也就是180毫升，如果一家酒馆能提
供每杯小于180毫升的酒，就非常适合新手。

以前在小酒馆喝酒时，一般情况下一次至少要点1合
的量。有些店还会给顾客优惠，在1合的木杯上加一个玻
璃杯，往玻璃杯和木杯中都倒满酒（合计1合以上）。我
们在第十三课学过，按照平均值来算，日本人一个晚上喝
2合算是适量。这样的话，如果按照1合的量点单，最多
只能品尝到两种酒。即使比较能喝的人点了3合，也只能
喝到三种不同的酒。

看到店里有许多充满诱惑的酒，想喝这种、又想喝那
种的时候，只能点两种酒太令人为难了。有时忍不住就点
了好几种酒，结果喝过头了。

为了解决顾客的这种烦恼，最近许多酒馆开始提供不
满1合的酒。一次可以点120毫升、90毫升、60毫升等
等，依照店家的不同，量也有所差别。还有些店可以提供
30毫升每杯的酒，供酒客尝试味道。

去这种店喝酒的话，即使一个晚上只能喝2合，但每

杯都点 120 毫升，就能喝 3 种酒，点 90 毫升能喝 4 种酒，点 60 毫升能喝 6 种酒，点 30 毫升的话，竟然可以品尝到 12 种酒的味道。如果在尝试的过程中遇到了自己喜欢的类型，就可以把剩下的酒量全用在喝这种酒上面了。

另外还有一些店，不一定每种酒都提供小杯，但会提供含有好几种酒的品酒套装。

每杯酒的定价合理

作为顾客，当然希望酒的价格越便宜越好，所以如果菜单上写的价格便宜，这家店一般是不错的。

话虽如此，但判断一家店好不好，并不能只看价格是否便宜。还有一个非常重要的因素，那就是流通率。

在酒馆，我们经常看到大型冷柜中摆着许多 1.8 升装的大瓶酒。大型冷柜的温度可以调得比家用冰箱更低，在低温条件下，即使开过瓶的生酒，在品质上也不会产生多大变化。不过，日本酒不易保存，特别是生酒，所以一般店里会规定一个酒水淘汰标准。酒馆为了降低酒水淘汰量，便通过降低价格，来使酒卖得更快。由于酒水卖得快，销量好，店家才能降低价格。既然销量好，那么即使是大瓶装的酒，不管什么时候点一杯，也都能喝到开瓶后没过多长时间的酒。所以如果一家店的定价不高，还要看它是不是销量好。

一般顾客能接受的心理价位大约是在一杯500日元左右，小杯则是300到400日元左右，这是能让人毫无压力点单的价位。

禁烟，或是严格划分禁烟时段和区域的酒馆

我们已经多次提到日本酒香味的重要性，因此，如果周围有人吸烟，烟味会掩盖酒的香味，这点应该很好理解。

所以我推荐大家去严格划分禁烟时段和区域的店。最近完全禁烟的酒馆也多了不少，在预约的时候记得确认一下。如果自己平时吸烟，或者和平时有吸烟习惯的人一起去喝酒，选择店内禁烟但是店外有吸烟区的店比较好。

顺带一提，不只是烟味，香水味也是个问题。强烈的香水味和烟味一样，会妨碍品酒时享受酒香。因此有些店会标明"拒绝身上带有强烈香水味的客人"。在去酒馆时，即使一定要喷香水，也尽量少喷一些比较好。

可以接受客人模糊点单的酒馆

简单来说，能为客人推荐好酒的店，一般都可以称为好店。另外，如果客人点单时说出"什么日本酒适合搭配这道菜""我想要香味馥郁的酒""请给我一杯清爽辛辣的日本酒"，也就是说不出特定的品牌时，店员能根据客人的需求准备出合适的酒，这样的店，您就可以放心点单。

另外，能向客人推荐一款日本酒，来搭配客人点的菜，也是非常不错的店。比如遇到一个店员向您提议："您刚才点的菜和这瓶酒非常相配，不过把酒加热一下更美味。如果您能接受，我们推荐将酒加热到45℃，您要不要试一试？"这样的店，会让人期待下一次的推荐，从而成为常客。

在点单之前，先为客人上一杯水的酒馆

前面说了很多"好店的特点"，不过最让人觉得贴心的服务，还是这一点。就算什么都没点，也先上一杯醒酒水，这家店毫无疑问是一家好店。

在喝日本酒的时候，最需要注意的是同时喝一些水，这点我们在第十三课学过。为了防止喝醉，也为了能在口中无杂味的情况下品尝下一口酒，喝酒的时候适当喝水是非常重要的。

一些店有时会提供有柑橘味道的水，不过其实最好是没有味道的水。有味道的水虽然乍看之下清爽，但其香味有时会妨碍酒的味道。普通的水，最好是添加水（在酿酒的添加工序中使用的水），对顾客来说是最好的服务。

添加水根据酿酒厂不同而有不同的味道，有些微甜，有些让人感觉富含矿物质，这些水体现了酿酒厂的个性。比较一下用这些独特的添加水酿成的不同款式的日本酒的味道，也是品酒的乐趣之一。不过必须注意的一点是，会

经常准备添加水的店非常少。因为不像自来水那样经过氯消毒，所以添加水比酒的保质期更短，必须从酿酒厂运来之后马上喝才行。能经常为客人准备这种添加水的店，和酿酒厂大多有着相互信任的关系，双方交易频繁，可以说是一家好店。

如果这是一家对日本酒没有讲究的店

最后要注意的是，如何判断一家店对日本酒不讲究。要点只有一个，那就是菜单上只写着"日本酒"。

虽然有些店的菜单上会将冰酒和温酒区分开来，但如果连品牌都没写的话，就让人不太放心。这种店实在不算"在日本酒上下功夫"的店。即使这家酒馆对日本酒非常讲究，卖的酒非常好喝，对新手来说也是难度比较高的，这种店并不适合还在寻找自己喜欢的日本酒的人。

第十七课
总结

🍶 不错的酒馆中通常有许多种类的酒。

🍶 每杯酒的定价不高，说明酒的流通率高。

🍶 尽量选择禁烟，或是分禁烟时段和区域的酒馆。

🍶 选择那些在没点单时先为客人上一杯水，之后还在合适的时机提供水的店。

🍶 菜单上只写着"日本酒"的店需要注意。

第十八课　如何购买日本酒

在酒馆之类的地方邂逅自己喜欢的日本酒之后，就可以尝试自己购买日本酒了。虽然在店里喝很不错，但在家喝酒是另一种乐趣。重要的是自己买酒喝会比较便宜，这也是好处之一。另外，有时参加朋友聚会时想带一瓶酒给大家尝尝，这时就得亲自上阵挑选了。

那么，要如何购买呢？在第十八课，我将为大家讲解日本酒的购买方法。

把握酒的容量和价格的关系

在购买日本酒之前，首先希望大家掌握的是，酒的价格和酒瓶容量的关系。日本酒主要以一升瓶和四合瓶进行销售，一升等于 10 合，也就是 1800 毫升。所以，四合瓶的容量是 720 毫升，比一升瓶的一半还少。

然而，四合瓶的价格一般是一升的一半。比如一升瓶卖 3000 日元的话，四合瓶就是 1500 日元。只看性价比的话，一升瓶是比较高的。因此，酒馆进货时一般是进一升瓶的酒。

不过，一升瓶需要的保存空间比较大，这也是个问题。虽然比 2 升的塑料瓶容量小，却要占用冰箱更大的空间。另外，开瓶后一般无法一次性喝完，也是让人头疼的地方。如果是四合瓶的话，两个人各喝 2 合，刚好能喝完，而一升瓶需要 5 个人才能喝完。如果喝不完就必须保存起来，所以大家在买酒的时候，要考虑冰箱的空间。

价格高不等于好

经常有人认为价格高的酒等于好喝的酒，这是一个误解。我们在第二课讲过，好坏的标准对各人来说千差万别，价格高的酒并不一定符合自己的喜好。

一瓶酒的价格之所以高，有可能是酿造过程很花时间，或使用的材料较多。将米磨得非常精细的吟酿、大吟酿等，无论什么品牌价格都会很高。那么，各种酒的价格差大约是多少呢？

让我们看看平成 13 年（2001 年）清酒价格调查中得出的平均值。

	1800 毫升	720 毫升
普通酒	￥1742.5 （单位日元，下同）	无统计
本酿造酒	￥1930.4	￥1144.0
纯米酒	￥2239.5	￥1290.0
吟酿酒	￥2924.3	￥1764.6
纯米吟酿酒	￥2923.5	￥1587.1
大吟酿酒	￥5447.1	￥2866.0
纯米大吟酿酒	￥4939.4	￥3045.7

由于这是 10 年前的调查，现在的价格应该不太一样，大家可以当作参考。在购买的时候，以四合瓶 1500 日元左右作为参考标准。在这个价格区间，大家可以尽情挑选本酿造酒到纯米吟酿酒（或吟酿酒）中的各种类型的酒。

方便的网购

大致了解容量与价格的关系之后，就可以实践了，最方便的购买方式是网购。在店里尝到好喝的酒，在活动上尝到好喝的酒，甚至是朋友推荐的酒，只要记住酒的名称，然后输入搜索框里即可，应该会出现不止一家店在销售你想要的酒。之后按照步骤下单，坐等酒送到家里就可以了。如果事先决定好了买哪款酒，网购毫无疑问是最方便的方法。

不只是专卖店的官网，在大型购物网站也可以买到日本酒，有很多实体店在乐天①或亚马逊等网站上都有专门的网店。在这些网站上搜索一下，就能轻松地买到自己想要的日本酒了。

或许有人会想："如果没有日本酒的相关知识，是不是就无法网购了？"其实这不成问题。就像我们前面学过的，一般情况下酒的名字里都会包含"无过滤生原酒"等表示酿造方法的词，一看就差不多知道是怎样的酒了。另外，专卖店的网页上还会写酒的产地、酿酒厂的名称、酒的种类（特定名称酒）等，不仅有精细分类，有些店还会以味道进行分类，例如甘甜类或鲜味丰富等类型。即使不怎么了解酒的人，也能依照这些类别寻找自己想喝的酒。

另外，最近还出现了一些为付费会员定期送酒上门的网上专卖店。他们连酒的说明书也会一起送来，里面有丰富多彩的种类让顾客挑选，大家也可以尝试这种服务。

商场的酒柜种类齐全

网购虽是不错的选择，不过也有人想自己到实体店挑选，这时大型商场的酒柜是不错的选择。商场的酒柜十分宽敞，方便购买，而且门槛低，还有许多不错的酒。另外，在商场设酒柜的专卖店，大多是历史悠久的老店，他们和商场有多年的往来，平时也会有酿酒厂的工作人员来举行

①指日本电商平台"乐天市场"。

一些试喝活动。

　　大家要特别关注正在举行试喝活动的酒柜，因为可以试喝，又可以向专业人士咨询各种问题，这样挑选的话，一般都能找到自己想要的酒。把试喝过的那瓶酒直接买回来也是一件开心的事。

能在便利店买到的酒

　　如果自己非常想喝酒，但专卖店已经关门的话，就去还没打烊的便利店吧。便利店一定也会出售日本酒。

　　在便利店买日本酒的诀窍是，买瓶装的酒。便利店也会出售纸包装的酒，这种酒一般是普通酒。我建议新手最好以特定名称酒为中心来选购。

　　在便利店，还能买到气泡日本酒等微发泡型的日本酒，这也是令人开心的一点。"澪"（宝酿造厂）在近几年十分热门，于是在便利店不仅出现了"澪"，还出现了其他的气泡日本酒。另外，有些日本酒专卖店会转型成便利店，这种店里的日本酒种类和专卖店没什么区别。

和当地的专卖店成为朋友

　　既然称为"专卖店"，肯定是销售日本酒的专家。如果希望店员根据你的需求向你推荐日本酒，就可以选择专卖店。能耐心听取客人的需求，并推荐符合客人喜好的酒，就说明这家专卖店很不错。完全不跟客人商量的专卖店，即使店里到处都是好酒，依然不适合新手。来这种专卖店购买日本酒之前，要先学习一些酒的知识。

和不错的专卖店成为朋友，可以了解很多酒的知识，店员还能告诉你一些酿酒厂的情况。另外，有些专卖店会开展活动，所以尽量和当地的专卖店交个朋友吧。

当你还想喝在小酒馆喝到的酒时

如果在酒馆喝到一款中意的日本酒，想买一瓶回家，推荐各位向店员咨询。比起自己在网上搜索，直接咨询店员能获得更多信息。因为酒馆的工作人员在进货时，是自己决定酒的种类，自己挑选的酒被夸好喝，肯定会很高兴，这时询问酒的名字一般都能得到答案。

不过有一点需要注意，餐饮店销售酒的资格和专卖店销售酒的资格是不一样的。也就是说，即使觉得好喝，也不能要求酒馆将这瓶酒卖给你，因为小酒馆没有贩卖酒的资格。因此，不要对酒馆提过分的要求，可以询问哪家店卖这种酒，然后到专卖店购买。

特别是去旅行的时候，恰巧进入一家店，喝到自己喜欢的酒时，询问在哪里可以买到是最直接的做法。到店员推荐的专卖店买酒，或许还有机会直接了解生产这瓶酒的厂家，以这种方式也能结识更多的日本酒。

第十八课
总结

- 购买日本酒的方法有很多种，网购是最方便的。

- 商场的酒柜不仅门槛低，酒的品种也很齐全。

- 在便利店也能轻易买到酒，不过建议购买瓶装酒。

- 和专卖店交朋友，可以得到许多关于酒的信息。

- 在酒馆喝到喜欢的日本酒时，可以向店员咨询酒的信息。

第十九课　参加日本酒相关活动

邂逅新的日本酒的最好方法，就是参加日本酒相关活动。活动中会出现许多你不知道的日本酒，这是一个品尝未知日本酒的机会。现在各种类型的日本酒活动越来越多，希望大家积极参加。

在第十九课，我将为大家介绍各种日本酒活动的优点和缺点。

在专卖店举行的试喝销售活动

这种类型的活动最容易参加，酿酒厂的工作人员会到专卖店来卖酒，大部分情况下会请顾客当场试喝。这种活动不需要门票，而且试到自己喜欢的酒时，可以当场买下。

这对经验不足的新手是非常有帮助的。

在这种展会上不仅可以免费喝酒，还有机会和厂家的工作人员聊天。在其他类型的活动中，厂家的工作人员会很忙，一般没有时间单独向你推荐某种酒。不过，在店里就没关系了。你可以一边喝，一边随口咨询。当然也要照顾到其他人，不要一个人"霸占"着工作人员不放。不过就算有其他顾客在场，也可以慢慢和工作人员聊天。

由于是为了让顾客买酒而开展的活动，因此不能试喝很多，这是这种活动的缺点。另外，也不能边吃小菜边试喝。如果试喝到喜欢的酒，建议大家买回家，在家就着下酒菜慢慢品尝。

厂家在酒馆举办的活动

厂家经常会在酒馆举办活动，这种活动可以让参加者同时品尝日本酒和与之相配的菜肴，能饱餐一顿是非常开心的事。其他的活动，很少能像这样让参加者正经地吃东西。

另外比较吸引人的一点是，这类活动一般是在周末的晚上。工作日白天举行的活动会很尴尬，因为大多数人抽不出时间参加。周末晚上则可以尽情畅饮，不必考虑隔天是否起得来，有些人还可以在下班后参加。

这种活动的缺点在于，初次参加时，如果是独自一个人，门槛可能会有点高。虽然实际参加时大多也能融入氛围，但有时还是会觉得尴尬，尽可能邀请朋友或熟人一起参加比较好。

酒馆或日本酒爱好者主办的活动

接着要介绍的是，由日本酒爱好者或其他团体在酒馆或专卖店开展的聚餐活动。这种类型的活动一般会邀请许多酿酒厂的工作人员，在活动中可以喝到许多种酒，非常适合寻找未知的日本酒。

如果是日本酒爱好者举办的活动，多数会在周六周日的白天举行。由于活动需要事先准备以及事后收拾场地，所以一般不会持续到很晚。虽然周末白天可能不是喝酒的好时机，但对参加者来说比较容易安排时间。

一般来说，这种类型的活动，主办人同时也是参与活动的日本酒爱好者，所以和参加展销会不同，不用介意一些规矩，可以尽情融入其中。这种活动大多会给人一种轻松的感觉，适合新手参加。根据活动的不同，有些只要付了入场费便能随便喝酒，有些则按照喝的杯数来计费。也有一些活动没有准备菜肴，这些细节要在参加活动前事先了解清楚。

缺点在于，这种活动不一定有日本酒专家在场，如果参加的次数不多，特别是参加那些刚开始举办一两次的活动的时候，有可能不习惯活动的流程。最令人头疼的是，一些主办方经验不足，有时会出现醒酒水不够的问题。为了防止喝醉，在参加活动的时候需要喝许多水。考虑到万一醒酒水不够的情况，事先带几瓶矿泉水进去也是可以的。

酒馆联合举办的活动

最近有一种活动逐渐多了起来，那就是"不仅限于在一家酒馆喝酒"的活动。这种是由特定区域的小酒馆经营者们赞助，在整个小镇上举行的活动。每家酒馆都会邀请不同厂家捧场，准备酒和下酒菜，通常价格会比较低。参加活动的人可以在这家小酒馆喝一点酒，再到下一家去喝。小镇上充满庙会的气氛，而且有种"串酒馆"的感觉，非常有趣。

缺点在于，当参加者到下一家酒馆的时候，并不知道这家店到底人多不多。如果刚好遇上人多的情况，就需要等位，但其实与此同时，别的酒馆里面也许有许多空位。有些人会因为别人在等位而不能安心喝酒，这样的人，还有想在短时间内逛好几家酒馆的人，就不适合这种活动了。

面向业界的日本酒试喝展销会

有一种活动，是由日本酒的相关协会举办，面向业界的试喝展销会。这种活动大多是为了向日本酒业界人士展示今年新出的好酒，不过也会向公众公开。它们一般在工作日的白天举行，分成两个部分。一部分活动只有酒馆或专卖店、餐厅的经营者才能参加，另一部分活动普通人也可以参加。

这种活动看起来门槛很高，但入门者也可以参加。这是因为参展的厂家数量和酒的数量都很多，当然就可以向酿酒厂的工作人员直接提问，也可以试喝好几种酒，边喝边请专业人士推荐。另外，在这种活动上，还能喝到在专卖店很少见的稀罕品种。

另外，各县的酿酒厂协会主办的活动也归于这类，这种活动多数在大酒馆的专用厅之类的地方举办。

缺点在于，这种活动多数在工作日比较早的时间段举行。虽然到晚上 8 点左右才结束，但就算在下班时匆忙赶到会场，时间也所剩无几了。另外，参加这种活动的前提是，自己已经产生了寻找酒的积极性。

协会主办的品酒活动

日本酿造协会或日本酿酒业联合会主办的活动中有一种称为"品酒"的活动，在每年六月举办的"公开品酒会"就是其中的代表。虽然普通人也可以入场，但并不推荐新手参加。

这种类型的活动是以"品酒"为中心举行的。桌上会摆一排酒瓶，酒瓶前会对应地准备一个装这种酒的容器，参加者可以用小酒杯从容器中取酒，品尝酒的色香味。由于主要目的是品酒，所以有许多人都是因工作而来，会场中还准备了让人吐出酒的桶，也就是可以不把酒喝进去，只品尝一下味道就吐出来。另外，就算有问题，旁边也没有可以咨询的人。

在接触了很多日本酒之后，如果想品尝更多种类的日本酒，参加这种活动可以学到很多。新手一般不懂如何品酒，所以难度比较大。这种活动适合中级或高级的日本酒爱好者参加。

如何充分享受活动

好好享受这些活动的诀窍在于，无论如何都要多喝水。为了防止喝醉，建议大家多喝些醒酒水。特别是在不提供下酒菜的活动中，水可以说是生命线。一般活动上都会准备水，不过也有不够喝的时候。如果不是在酒馆等门店举行的活动，参加时最好自己带一些水。

另外，在空腹状态下喝酒，更容易喝醉。在一些没有提供食物的活动上，请尽量事先吃一些东西垫底。如果在活动期间可以出会场的话，可以中途休息一下，吃一点东西。大家在参加一些活动的时候，可以在包里或口袋里偷偷带一点食物，中途到会场外面吃一下，这样也可以防止喝醉。我比较推荐很容易就能在便利店买到的"糖炒栗子"。这种点心适合搭配日本酒，而且营养丰富均衡，体积又小，可以让人一颗一颗慢慢吃，还有放在包里不容易融化的优点。

上面介绍的这些活动，信息要在哪里获得呢？比较出名的是谷歌日历上对日本酒活动进行备份的"日本酒日历"。上面会介绍近期开展的、值得推荐的活动，大家可以利用起来。

第十九课
总结

🍶 在日本酒相关活动上，可以邂逅许多新的日本酒。

🍶 各种活动都有优缺点，参加时应该选择适合自己的活动。

🍶 在参加没有提供食物的活动时，尽量事先吃点东西。

🍶 为了身体着想，尽量自带醒酒水（在门店举行的活动除外）。

🍶 日本酒的相关活动可以在"日本酒日历"上查看。

第二十课　日本酒应如何保存

　　终于来到了最后一课，最后想教大家的是，买回家中的日本酒应该如何保存。

　　随着时间的流逝，日本酒味道会逐渐改变，因此才有"熟酒"这种类型的酒。那么，日本酒的味道会如何变化，为了让味道保持不变应该怎么做？请跟着我往下看吧。

时而"好喝"时而"不好喝"

　　简单来说，日本酒在保存期间，有时会处于"好喝"的状态，有时则会处于"不好喝"的状态。这一点我们在第十一课学过，包含香味在内，日本酒的某一部分会呈现美味，还有一部分让人觉得味道不好。而我们先喝到的，有时会是好喝的部分，有时则相反。

日本酒爱好者在品尝过一些酒后，就会积累一些经验，当他们觉得某瓶酒的美味处于上升期，相信这瓶酒还能变得更好喝时，就会先放进冰箱里冷藏，使其成熟。一些门店也会选择先不出售，在店里的冰柜保存或委托酿酒厂保存，让酒成熟。当然酿酒厂有时也会将新酒保存起来，待其成熟后变得更好喝时，再销售出去。

日本酒和葡萄酒一样，随着存放时间越来越长，会逐渐成熟。如果说一瓶酒"此时饮用最佳"，就表明这瓶酒已经进入了美味的状态。多数酒在出库的时候，一般就是最好喝的时候，也就是最佳的饮用时间。

一旦经过了最美味的状态，味道就会走下坡路。这种酒如果不马上喝的话，不如放着等待成熟。这是比较有趣的一点，有些好酒会在某段时间处于不好喝的状态，但过段时间又会上升至美味的状态。这种酒在"好喝"与"不好喝"之间循环，然后慢慢变得成熟。

生酒会循得快一点，而经过杀菌之后的酒，变化速度会慢一些。另外，在温度较低的环境中，变化也比较慢。生酒之所以需要冷藏，就是为了减缓这种变化的速度（但即使如此，生酒的味道还是会慢慢变化）。

那么，先不考虑把处于"最佳饮用时期"的酒放置到成熟，如果想让酒和刚买来时的味道一样，保存的要点是什么呢？首先让我们来看看会造成日本酒味道变化的因素。

使酒味道改变的因素是什么

日本酒的味道之所以会改变，主要有以下四个因素。

<1> 空气

对日本酒的味道影响最大的因素是空气。同空气接触，特别是酒中的酸味成分接触到空气，会使它们酸化。因此，同一种酒开瓶一天后和两天后的味道是不一样的。不过更重要的并不是酸化，而是香味成分受到了较大的影响。只要一开封，酒中的香味成分就一定会流失。这样一来，我们就会觉得酒没那么香了。虽然香味特别丰富的日本酒在开封后，香味会变得淡一点，更容易入口，但这种平衡度很难掌控。

也有一种可以抽出空气的葡萄酒瓶塞，虽然看起来不错，但在抽出瓶内空气的时候，也会把香味的成分一起抽出去，所以还是不要用的好。同样是保存葡萄酒的工具，我推荐可以填充氮气的装置。

<2> 振动

振动也会使酒产生变化，这个道理很容易理解。一直

被摇晃的酒受到的损害肯定比静置的酒大。就算是不含碳酸的酒，在静置的状态下，变化幅度也会比较小。

因此，最好不要将日本酒放在冰箱门的架子里，因为开关冰箱门都会使酒晃动。

<3> 阳光

阳光是使日本酒变质的重要因素，主要是因为紫外线。因此，在专卖店买酒的时候，有些专卖店会用隔离紫外线的袋子包装。另外，还有些专卖店，会在展示柜中使用不含紫外线的荧光灯（和博物馆等用的荧光灯一样）。大家记住在保存的时候尽量避光即可。

<4> 温度

最后的一点就是温度，温度越高，酒的变化就越快，可以说低温保存只有好处没有坏处。我们在第十一课讲过，温度是促进美拉德反应的原因。高温会使美拉德反应变快，所以请尽量在低温下保存。

综上所述，日本酒最好保存在冰箱里。既可以避光，又能保持低温，这样酒就不会有什么变化了。不过需要注意的是，家用冰箱在开关门的时候，温度会上升。只要开着门15秒，温度就会上升1℃。所以在保存珍贵的酒时，请尽量放在温度变化小的冰箱内侧。实际上就算保存在低温环境下，如果频繁取出，温度变化的次数增多，也会给酒带来不好的影响。喝的时候最好将自己想要的量一次性倒出来，然后马上将酒瓶放回冰箱里。

夏季要注意生酒的保存

基本上，"生酒"类的酒都会注明"需要冷藏"，这种酒对温度的变化特别敏感，酒的品质也容易受温度影响。即使是没有标明"生酒"的杀菌酒，也基本都需要保存在低温避光的地方。因为就算没有标明"需要冷藏"，杀菌酒还是会受到前面提到的四个因素影响，因此也需要保存在振动少、避光、温度变化小的地方。

所以，夏季保存时需要特别小心。尤其是开封后，接触过空气的酒更容易变质。就算是杀菌过的酒，开封后也必须冷藏。

无论是生酒还是杀菌酒，日本酒的味道一定会随着时间的推移而改变。往好的方向变化是"成熟"，因此像振动这种本会对日本酒产生不好影响的因素，有时也会被利用起来，演变为用超音波让日本酒振动，使其成熟的技术。

开封时味道比较呛的日本酒，在经过一段时间的保存之后，味道会变得柔和，也会变得非常好喝。如果能体会到这种变化的乐趣，你就是一位出色的日本酒爱好者了。

第二十课
总结

🍶 日本酒的味道会随着时间的推移而变化。

🍶 往好的方向变化称为"成熟",但也有些酒会变质。

🍶 影响日本酒质量变化的因素有四个,分别是空气、振动、阳光和温度。

🍶 尽量将日本酒放进冰箱保存,不过尽量不要放在冰箱门上。

🍶 妥善保存日本酒,随时享用美味。

特别课程⑤是否存在拒绝新客或选择客人的专卖店

最近由于日本酒的广泛流行，高人气的日本酒越来越难以入手。最近经常听说有些专卖店即使有存货，也不一定会出售。在这种情况下，日本酒爱好者要如何得到自己想喝的酒呢？最后的特别课程，让我来告诉大家其中的秘诀。

简单来说，就是和专卖店成为朋友。有些数量有限的酒一般不会出售，而是留着卖给会员或常客，也有一些酒不会放到网上卖，只卖给光临实体店的顾客。如果觉得这样做不公平，请先考虑一下，既然是数量有限的日本酒，一定是酿酒厂花了不少精力酿造的好酒。由于工序很复杂，生产量也不会太大，所以要在销售上加以限制。了解酿造这种酒多么辛苦的专卖店，自然也不想将难得的好酒卖给投机客或想转卖的人，而是希望留给真心喜欢日本酒的人品尝。对于专卖店的工作人员来说，比起那些不懂酒好在哪里的人，将酒卖给能珍视它的常客当然更好。

这并不代表专卖店不卖酒给新客，或是挑客人，应该说是他们希望将酒卖给懂酒的人。如果实在想买数量有限的酒的话，就先和专卖店的工作人员商量一下吧。

另外，和专卖店成为朋友的最好方法，在于提问。比如说出自己想喝什么样的酒，请店员推荐，下次来的时候再说说自己的品尝感想。还可以表示上次推荐的酒自己很喜欢，想尝试同种类型的酒，或是希望喝到比上次更加清爽的酒等，再请店员推荐。这样反复几次，店员或许就能大致记住你的喜好，下次就能主动为你推荐酒了。

结业式 日本酒确实非常有趣

经过二十堂课的学习，大家都辛苦了。各位学到这里，已经可以算是一个"有见识"的日本酒爱好者了。

日本酒是非常有深度的酒，或许大家会在我所讲的课程之外听到别的专用语或酒的知识。不过不用担心，只要运用我们前面所学的知识，就能理解遇到的新内容。

那么，最后我要出毕业课题了！大家不用紧张，课题只是"把你喝过的日本酒记录下来"而已。

与日本酒的邂逅是独一无二的

当某一天喝到好喝的日本酒时，以后肯定还会想起这个味道。大家或许会这么想：如果是去年尝到的好酒，今年买同一个厂家的同一种酒就好了。不过有一点需要稍微注意一下。

日本酒是由米这种粮食，经过发酵，也就是微生物的活动来酿造的，所以年份不同，酒也会有差别。不仅如此，即使用同样的米、以同样的方法酿造，不同酒槽的发酵程度不同，酿出的酒味道也会不同。平时出厂的酒，为了尽量减少味道的偏差，会将几个酒槽中的同种酒混合起来。换句话说，同一年出产的酒，之所以口味差不多，每一瓶的味道都一样好，原因在于酿酒的技术。更确切地说，与日本酒的邂逅是独一无二的，因此，推荐大家将喝过的酒用某些形式记录下来，做个纪念。

重点在于名字和味道

虽说是记录，但也不用记得太详细。因为不是要去向谁汇报，而是留给自己看的笔记。所以不需要诸如"含在嘴里时，舌头能感到像上等丝绸般的柔滑质感。香味就像天堂的水果一样，在口中反复品味……"这样复杂的描述。只有两点比较重要，那就是"酒的名称"和"是否好喝"。

正如我们前面所学的，酒的名称中包含了许多信息。比如喝到了"生酛纯米无过滤生原酒26BY"并记录下来，以后看到，就能差不多回想起来这是一瓶怎样的酒。

笔记做好之后，过一段时间回顾一下，有助于确定自己倾向哪种类型的味道，所以记录一瓶酒好不好喝是十分重要的。把记录到的好喝的酒罗列起来，就能明白自己喜欢什么样的味道了。

话虽如此，每次都要做记录也是件麻烦事。最方便的记录方法是将酒的标签拍下来，这样就算喝醉了，也可以知道当时喝的是什么酒。之后看看照片，再将这种酒归入好喝或是不合自己口味的分类中。当然在酒馆或日本酒活动中拍照片的时候，要事先询问工作人员是否可以拍照，为了不给其他客人添麻烦，拍照时也严禁使用闪光灯。另外，智能手机还有 Sakenote 或 Sakenomy 之类的品酒记录软件。如果觉得整理照片比较麻烦，可以试试用这些软件来记录。

像这样将喝过的酒记录下来并进行总结，会成为一份十分有帮助的资料。慢慢了解自己喜欢什么类型的味道之后，再上街寻找喜欢的酒。

好了，白热日本酒教室到这里就结束了。谢谢大家一直的陪伴，如果这些课程能为你挑选日本酒派上用场的话，我将不胜荣幸。

请大家享受自己的日本酒人生吧！

后记

毫无疑问，现在的日本酒非常有趣。没有哪种酒的美味能像日本酒这样飞速进化，也没有哪种酒的种类能像日本酒这样迅速增多。不过，由于日本酒太有深度、种类太多，导致人们经常不知道该如何选择。本书为了解答这个问题，列出了选择日本酒前所需要了解的知识点，帮助大家找到自己喜欢的日本酒，大家看完以后是否觉得有帮助？

各人的喜好千差万别，即使我说"这瓶酒好喝"，也不代表所有人都觉得好喝。因此，本书并没有详细地介绍各种类型的日本酒，而是从日本酒的整体基础知识来讲解。我尽量从饮酒者的立场出发，介绍日本酒知识和享用日本酒的方法。我很有自信，读过本书之后，无论面前摆着怎样的日本酒，大家都能大致了解其味道，并品尝出自己的心得。当然，日本酒的世界非常复杂，存在许多例外，有时或许也会遇到本书未曾介绍的知识。不过，只要掌握了本书介绍的知识，都能通过酒的说明，来读懂一瓶酒的味道。

本书囊括了我在各地举行的日本酒讲座的内容，还有迄今为止在书刊杂志和网络上发表的文章，以及在《酩酊女子～日本酒酩酊 GIRLS~》（Wani Books）上的专栏和 cakes 的网络连载《今夜畅谈日本酒》的文章内容。非常感谢诸多支持我的人，特别是接受我咨询和采访的酿酒公司、专卖店、餐饮经营者，还有诸位日本酒爱好者，在各位的热心帮助下我才得以完成此书，在此对大家表达最诚挚的谢意。

另外借此机会，衷心感谢协助本书制作的人们。为本书绘制精美插画的蓟友子小姐，还有耐心倾听我多次任性要求的星海社编辑山中武先生。尤其是购入此书的读者们，再次由衷感谢大家。若能在日本酒相关活动上相遇，让我们尽情交杯畅饮。

希望各位读者能邂逅各种美味的日本酒，怀着如此期待，今天也小酌一杯吧。

"木木教授"杉村启

图书在版编目(CIP)数据

清酒 / (日)杉村启著；陈恬译.——海口：南海
出版公司，2016.12
ISBN 978-7-5442-8601-5

Ⅰ.①清… Ⅱ.①杉…②陈… Ⅲ.①清酒-研究
Ⅳ.①TS262.4

中国版本图书馆CIP数据核字(2016)第298718号

著作权合同登记号　图字：30-2016-164

清酒

〔日〕杉村启 著　〔日〕蓟优子 漫画
陈恬 译

出　　　版　南海出版公司　(0898)66568511
　　　　　　海口市海秀中路51号星华大厦五楼　邮编 570206
发　　　行　新经典发行有限公司
　　　　　　电话(010)68423599　邮箱 editor@readinglife.com
经　　　销　新华书店

责任编辑　翟明明
特邀编辑　李文彬
装帧设计　韩　笑
内文制作　王春雪

印　　　刷　北京新华印刷有限公司
开　　　本　850毫米×1168毫米　1/32
印　　　张　6.5
字　　　数　64千
版　　　次　2017年3月第1版
印　　　次　2017年3月第1次印刷
书　　　号　ISBN 978-7-5442-8601-5
定　　　价　28.00元